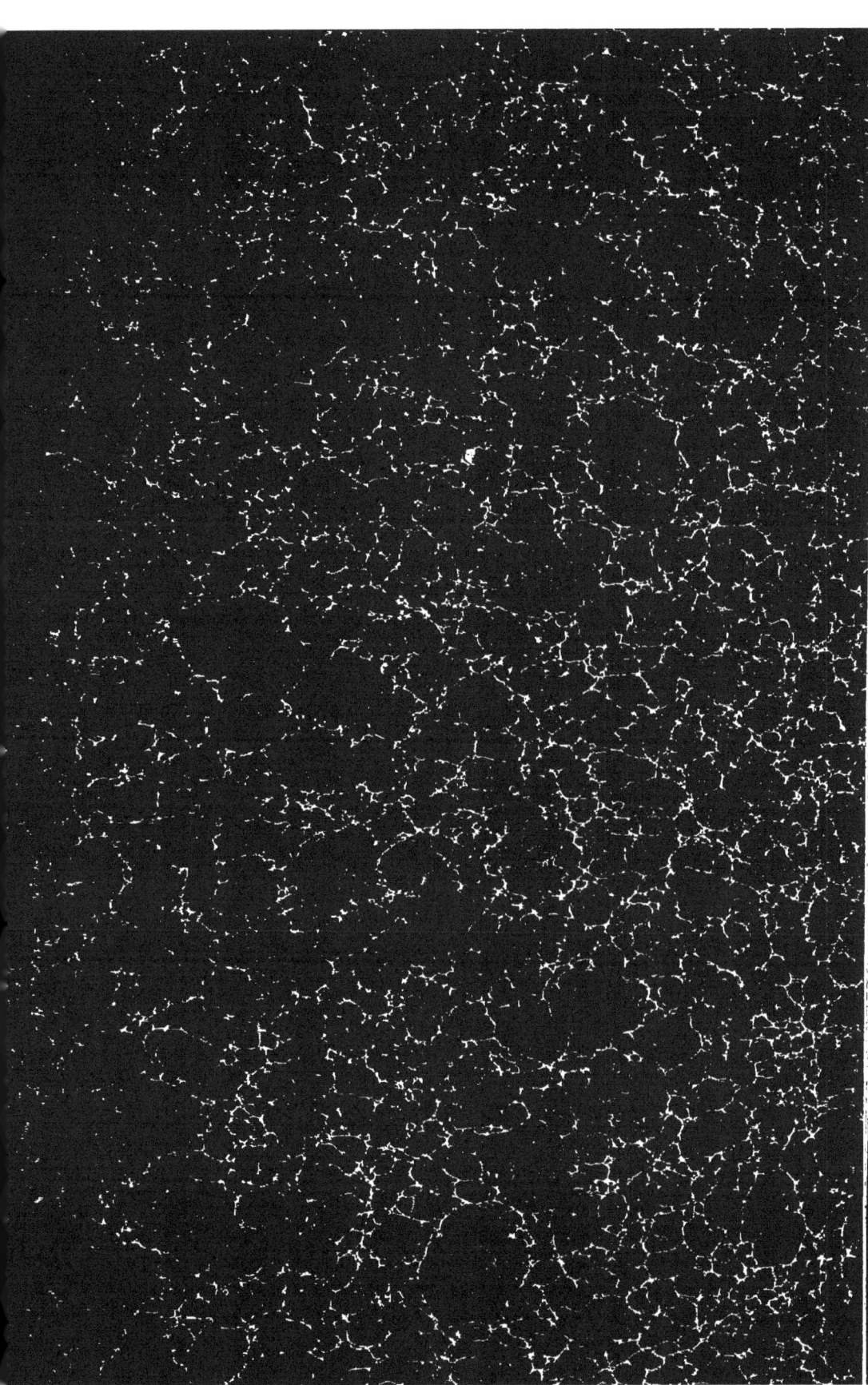

GNOMONIQUE

GRAPHIQUE ET ANALYTIQUE.

Cet ouvrage se trouve aussi :

A ANGOULÊME..	chez PEREZ-LECLER.
	— CHABOT et Cie.
BORDEAUX...	— CHAUMAS.
BOURGES....	— VERMEIL.
BREST.....	— Me Vve LEFOURNIER.
CHERBOURG..	— LEFRANÇOIS.
LILLE.....	— VANACKÈRE.
LORIENT....	— LEROUX-CASSART.
LYON......	— PERISSE frères.
	— GIBERTON et BRUN.
MARSEILLE...	— CAMOIN.
METZ......	— WARION.
MONTPELLIER.	— SÉWALLE.
NANCY.....	— G. GRIMBLOT et Cie.
NANTES.....	— FOREST.
	— GUÉRAUD.
	— SUIREAU.
ORLÉANS....	— GATINEAU.
RENNES.....	— VERDIER.
ROCHEFORT..	— PÉNART.
ROUEN.....	— LEBRUMENT.
STRASBOURG..	— TREUTTEL et WURTZ.
	— Mme LEVRAULT.
	— DERIVAUX.
	— DRACH.
TOULON....	— MONGE et WILLAMUS.
TOULOUSE...	— GALLON.
	— BON et PRIVAT.
	— GIMET.
A LEIPZIG.....	chez MICHELSEN.
LONDRES....	— DULAU et Cie, Soho-Square.
MADRID....	— A. POUPART et frère.
TURIN.....	— BOCCA.
VIENNE.....	— ROHRMANN.

IMPRIMERIE DE BACHELIER,
rue du Jardinet, n° 12.

GNOMONIQUE

GRAPHIQUE ET ANALYTIQUE,

ou

L'ART DE TRACER LES CADRANS SOLAIRES;

Par BORN,

OFFICIER D'ARTILLERIE.

(La Fère — 1821.)

PARIS,

BACHELIER, IMPRIMEUR-LIBRAIRE

DE L'ÉCOLE POLYTECHNIQUE, DU BUREAU DES LONGITUDES, ETC.,

QUAI DES AUGUSTINS, 55.

—

1846.

AVERTISSEMENT.

Il existe un grand nombre de Traités de Gnomonique. La plupart paraissent *incomplets* ou *trop longs* : *incomplets* en ce qu'ils n'enseignent chacun qu'une solution du problème (graphique ou analytique); *trop longs*, en ce qu'ils renferment tous les détails relatifs à chaque cas particulier. De tels développements sont presque toujours inutiles dans des questions de cette nature; le cas le plus général peut être abordé de front, et l'on peut laisser ensuite au lecteur attentif le soin d'appliquer les formules qui s'y rapportent.

On s'est proposé de présenter dans un seul ouvrage les deux méthodes qui peuvent être employées pour faire un cadran solaire : la *géométrie descriptive* et le *calcul*.

On a d'ailleurs cherché à allier la clarté à la concision et à n'admettre que des démonstrations rigoureuses qui fussent en rapport avec l'état actuel des sciences mathématiques.

Afin de rendre facile l'application des procédés de la géométrie descriptive et des formules analytiques, on a indiqué, pour un même cadran, les détails d'exécution relatifs à chaque méthode, en ne donnant toutefois qu'un exemple de chaque espèce de calcul.

Ce petit livre présentera donc à la fois un double précepte, sa démonstration et son application *effectuée*. Cette manière d'enseigner la Gnomonique, qui n'offre d'ailleurs aucune difficulté sérieuse, semble la plus aisée de toutes à comprendre et à retenir.

Le cadran qui a été l'occasion de ces recherches fut exécuté, par ordre, en 1821, à l'hôtel d'une École d'Artillerie. Le travail donna lieu à un compte rendu qui resta déposé à la bibliothèque de l'École. C'est cet écrit qu'on publie, tout imparfait qu'il est, dans le but d'épargner une perte de temps aux personnes qui auraient à résoudre un problème semblable.

On s'est principalement attaché à rendre les formules faciles à calculer et à présenter toutes les indications nécessaires pour la détermination de chaque élément d'un cadran.

La partie analytique ne contient, du reste, que des applications de la théorie des équations de la ligne droite, du plan et des courbes du deuxième degré, jointes à quelques considérations de trigonométrie sphérique, presque inséparables de toute question qui se rattache à l'astronomie.

Sur un sujet si souvent traité avant la multiplication des horloges publiques, on ne pouvait avoir que l'embarras du choix pour les livres à consulter. Les ouvrages auxquels on a eu particulièrement recours sont l'*Astronomie physique* de M. Biot et l'*Histoire de l'Astronomie* par Delambre. Le volume consacré au moyen âge présente une analyse curieuse de tout ce qu'ont écrit les gnomonistes anciens et modernes: Aboul-Hhasan, Munster, Schoner, Bénédict, Vinet, Bedos, La Hire, Ozanam, etc.

TABLE DES MATIÈRES.

TABLE DES MATIÈRES.

FIN DE LA TABLE.

ERRATA.

Page 24, ligne 7 de la note *, *au lieu de* midi moyen, *lisez* : temps
moyen.

Page 74, ligne 20, *au lieu de* =...., *lisez* : β =....

Page 74, ligne 21, *au lieu de* celles, *lisez* : celle.

Page 84, ligne 4, *au lieu de* $\frac{135}{36}$, *lisez* : $\frac{135}{9}$.

Page 84, ligne 30, *au lieu de* temps, *lisez* : du temps.

Page 86, dernière ligne, *au lieu de* r, *lisez* : de z.

Page 109, ligne 17, *au lieu de* $\left(1 + \frac{\tan^2 l}{\cos^2 D}\right)$, *lisez* : $+\left(\frac{z \tan l}{\cos D} + \tan L\right)^2$.

Page 131, 3e colonne, *au lieu de* 5,11, *lisez* : 5″.

GNOMONIQUE

GRAPHIQUE ET ANALYTIQUE.

PRÉLIMINAIRES.

Ce petit ouvrage a pour but d'enseigner la construction d'un cadran solaire sur un plan situé d'une manière
quelconque.

La méthode que l'on suivra consiste à présenter les
procédés de géométrie descriptive et les formules analytiques qui ont été employées pour exécuter un cadran, et
à indiquer ensuite la série des opérations géométriques
et des calculs que l'on aurait à effectuer.

Le mur sur lequel le cadran a dû être tracé n'était pas
vertical. On a eu à résoudre le cas le plus général de la
gnomonique plane, celui où la surface est à la fois incli-
née et déclinante.

Les principes de la géométrie descriptive fournissent
la solution la plus naturelle et la plus simple qu'on ait
encore trouvée de ce problème : pour la comprendre, il
suffit de savoir déterminer l'intersection de deux plans et
celle d'un cône et d'un plan.

Les formules dont on s'est servi sont des traductions
algébriques, littérales, de cette solution. Convenablement
modifiées, elles sont applicables à tous les cadrans qui
doivent être tracés sur des surfaces planes. Mais elles offrent
un moyen de calculer les différentes parties d'un cadran
incliné, qui a paru plus court et plus direct que celui

1

qu'on emploie ordinairement et qui consiste à regarder le plan incliné comme horizontal pour un certain point du globe. Le premier de ces moyens a au moins sur le second l'avantage de rendre très-facile la comparaison des résultats calculés et des résultats obtenus graphiquement, comparaison qu'il faut toujours faire, lorsqu'on veut leur donner le degré d'exactitude dont ils sont susceptibles.

Avant d'exposer la méthode suivie dans l'une et l'autre solution, nous développerons le principe des lignes horaires sur un plan, et nous dirons de quelle manière les éléments dont elles dépendent ont été évalués.

On fera d'abord observer que, dans toutes les démonstrations, on attribuera à la terre le double mouvement dont elle est animée. Il serait permis d'adopter l'hypothèse contraire et de n'avoir égard qu'aux mouvements apparents du soleil; car tous les phénomènes d'ombres portées qui composent la gnomonique ne dépendent pas de l'existence de l'un de ces mouvements, plus que de l'existence de l'autre.

Une longue expérience pourrait servir de preuve à cette assertion. La manière de faire les cadrans n'a pas varié comme les systèmes astronomiques. En comparant les méthodes les plus anciennes aux plus modernes, il est aisé de voir que le principe est toujours le même.

Mais l'on rend encore plus évidente l'indépendance dont il s'agit, en remarquant que ce qui produit, à telle ou telle heure, l'ombre d'un style sur un cadran, c'est la seule présence du soleil en un certain point d'un plan horaire. Or, que le point se meuve pour aller passer par le centre de l'astre supposé immobile, ou que ce soit le point qui reste fixe, tandis que l'astre va à sa rencontre avec une vitesse égale et opposée; dès que la coïncidence des deux points se fait au même instant dans les deux cas, peu importent les mouvements qui la précèdent ou qui la suivent. Un phénomène qui ne peut s'opérer que lorsque cette coïncidence est entièrement établie ne doit nullement dépendre de la manière dont elle a lieu. Par conséquent, la direction et la longueur de l'ombre d'un style sur un cadran doivent être les mêmes, soit qu'on les détermine en attribuant à la terre les mouvements qu'elle possède, soit qu'on ne considère que les mouvements apparents du soleil. Mais, dans ce dernier cas, il reste à démontrer que les mouvements apparents sont bien égaux et opposés aux mouvements réels. C'est ce qui résulte de ce principe général de mécanique :

De quelque manière que soient mus les différents corps d'un système, lorsqu'on n'a à s'occuper que de leurs mouvements relatifs, il est toujours permis de supposer l'un d'eux immobile, pourvu que l'on transporte aux autres son mouvement en sens contraire.

PREMIÈRE PARTIE.

DÉTERMINATION GRAPHIQUE DES LIGNES D'UN CADRAN INCLINÉ.

Principe des lignes horaires.

Qu'on se représente douze plans, mutuellement inclinés de 15 degrés, passant par l'axe de la terre et prolongés indéfiniment de part et d'autre de cet axe, l'un de ces plans étant d'ailleurs le méridien du lieu où le cadran doit être placé. Ils formeront, sur la sphère céleste, vingt-quatre demi-cercles qui sont les *plans horaires* du lieu dont il s'agit. Pendant la révolution diurne, chaque plan horaire décrit un certain arc autour de l'axe terrestre sur lequel la révolution s'exécute. Si celui-ci était immobile, les arcs décrits seraient exactement circulaires, et ils seraient de 15 degrés par heure, à cause de l'uniformité de la rotation.

Le double mouvement imprimé à la terre fait que tous ses points et ceux des plans horaires, qu'on imagine emportés avec elle, engendrent des courbes à double courbure, qui ont la forme d'une hélice. On conçoit cette forme des différentes courbes, en remarquant que la force à laquelle un quelconque des points mobiles est soumis à chaque instant est la résultante variable de deux autres forces, l'une parallèle à un des éléments de la circonférence de l'équateur, et l'autre parallèle à un des éléments de la circonférence de l'écliptique.

Cette dernière force modifie très-peu l'action de la première, pendant la courte durée d'une rotation. Son effet, rapporté à l'écliptique, se réduit à faire parcourir au centre de la terre un arc moyen (*fig.* 6) TT' de $\frac{360°}{365}$ ou de 59 minutes et quelques secondes en vingt-quatre heures; tandis que, dans le même temps, la force équatoriale fait décrire un cercle entier à chaque point des plans horaires. Supposer que les points qui rencontrent le soleil appartiennent à la circonférence d'un même cercle, dont le centre est sur une parallèle à l'axe terrestre menée par le milieu de TT', c'est donc réellement commettre une petite erreur, puisqu'il faudrait que tous ces points restassent à égale distance du centre de la terre et de son axe, ou, en d'autres termes, que l'axe fût immobile pendant un jour; ce qui n'est pas. Mais si l'on n'attache d'importance qu'aux arcs qui s'étendent très-peu en deçà et au delà de midi, ce qui manque à leur courbure pour être circulaire est tout à fait insensible; en effet, la double courbure n'est produite que par la translation du centre de la terre de T en T', et par les variations qu'éprouve l'angle compris entre son axe et le rayon vecteur qui joint son centre avec celui du soleil. Or, l'on vient de voir que la distance TT' n'est que de 59 minutes en vingt-quatre heures, et l'on n'en considère qu'une partie. Quant à l'angle de l'axe terrestre et du rayon vecteur, il est égal au complément de la déclinaison du soleil. Ses variations doivent aussi être fort petites dans les arcs dont on s'occupe, puisqu'elles ne s'élèvent qu'à 24 minutes pour une révolution entière, même aux instants des équinoxes, où le mouvement en déclinaison est le plus rapide.

On peut donc regarder le lieu des rencontres diurnes du soleil et des plans horaires comme autant de cercles parallèles à l'équateur terrestre et qui s'en éloignent chaque jour du nombre de degrés de déclinaison que les Tables du soleil indiquent pour midi. Cette hypothèse sert de base à la construction de toute espèce de cadrans. Elle est très-permise dans la théorie de ces instruments, « dont » il ne faut pas attendre, comme l'a dit M. Berroyer » (*Astronomie physique* de Biot, tome III), une préci- » sion astronomique, mais seulement une approxima- » tion suffisante pour les usages de la société. »

On divise chaque jour solaire en vingt-quatre parties égales. Il est midi ou minuit, lorsque le centre du soleil est rencontré par le méridien; 11 heures ou 1 heure, lorsque le même centre est rencontré par les plans ho- raires inclinés de 15 degrés sur le méridien; 10 heures ou 2 heures lorsqu'il est rencontré par les plans horaires inclinés de 15 degrés sur les précédents; et ainsi de suite pour toute autre heure du jour. Il faut bien se rappeler que cette heure n'a pas une durée constante : on a déjà vu que l'obliquité de l'écliptique et l'irrégularité du mouve- ment de translation de la terre rendaient les jours solaires inégaux.

Imaginons qu'une surface quelconque, un plan par exemple, passe par le centre de la terre; cette surface sera coupée suivant 12 lignes par les douze plans horaires. Il est évident que, s'il ne pouvait rester de tout cet appa- reil que le plan ainsi marqué de lignes, et l'axe terrestre changé en une aiguille ou style opaque, l'ombre de cet axe irait se peindre sur la surface du plan pendant tout le temps que le soleil l'éclairerait, et cette ombre se cou- cherait sur les lignes tracées précisément aux heures du jour qui leur correspondent. On aurait donc un cadran solaire placé au centre de la terre; le style indicateur serait l'axe du globe, et les lignes horaires seraient les in- tersections des cercles horaires avec le plan dont il s'agit.

Ni le plan ni le style ne peuvent être placés au centre de la terre. Mais, à la surface, on peut en élever qui leur soient parallèles. Si l'on conçoit par le nouveau style vingt-quatre plans parallèles aux premiers, on pourra regarder chaque couple de plans parallèles comme rencontrant le centre du soleil aux mêmes instants. Un calcul bien simple va mettre cette vérité hors de doute.

Supposons que CS et C'S' soient deux plans horaires parallèles menés l'un, par le centre C de la terre, supposé immobile, et l'autre, par un point quelconque C' de sa surface. Le mouvement diurne de la terre ayant lieu dans le sens AB (*fig.* 7), par exemple, lorsque le plan CS rencontre le soleil fixe au point S, le plan correspondant C'S' a déjà dépassé l'astre de la distance angulaire S'CS = C'S'C. Supposer que les deux plans CS et C'S' peuvent être pris l'un pour l'autre, c'est donc rendre nul, ou du moins infiniment petit, le temps t que le plan CS met à aller de la position CS à la position CS'. Il est aisé de prouver que t est toujours très-petit.

La distance CC' est, au plus, égale au rayon terrestre $r = 1433$ lieues; la distance CS est de 34 millions de lieues, ou environ $23000.r$. Donc, dans $24^h = 86400^s$, S décrit une circonférence dont la longueur est de $2\pi.CS = 2\pi.23000\,r = 144480\,r$. En prenant SS' pour sa tangente, ce qui est permis, à cause de l'extrême petitesse de l'arc, on a SS' = CC' = r. Le temps t est alors déterminé par la proportion :

$$86400^s : 144480\,r :: t : r, \quad \text{d'où} \quad t = \frac{86400}{144480} = 0^s,59.$$

Ainsi, en transportant les plans horaires parallèlement à eux-mêmes, à la surface terrestre, on ne commet pas une erreur de 1 seconde. L'erreur n'est même pas aussi grande pour les heures près de midi, parce que les plans horaires correspondants sont inclinés sur CC'. A midi, elle est entièrement nulle.

Après le déplacement des plans horaires, aucun corps

capable d'arrêter la marche des rayons du soleil, n'étant interposé entre le style et la surface sur laquelle il est élevé, l'ombre du style doit aller réellement se peindre sur cette surface aux différentes heures du jour, et elle doit toujours être la ligne d'intersection du plan horaire avec le cadran ; car l'ombre d'une droite éclairée par un point lumineux est comprise dans le plan qui les contient l'une et l'autre, quelle que soit d'ailleurs la position du point lumineux dans le plan. Les lignes horaires sur une surface plane sont donc des droites qui passent toutes par le point où le style la rencontre. Celles de même dénomination, matin et soir, sont données par le même plan horaire, considéré de part et d'autre de l'axe.

Il suit de cet exposé que, pour construire les lignes horaires d'un cadran quelconque, il faut déterminer son intersection avec douze plans, dont on connaît l'inclinaison respective et qui passent tous par une droite parallèle à l'axe terrestre. Ce parallélisme est indispensable ; s'il n'avait pas lieu, le plan mené par le centre du soleil et par l'ombre d'un style mal dirigé ne pourrait pas devenir un plan horaire, l'ombre ne serait pas toujours ramenée sur la même trace aux mêmes heures du jour.

Il est inutile de dire que, si le cadran doit marquer les demi-heures ou les quarts d'heure, les plans horaires sont au nombre de vingt-quatre ou de quarante-huit, et mutuellement inclinés de $7^o\,30'$ ou de $3^o45'$.

Quel que soit leur nombre, le moyen le plus simple de tracer les lignes horaires est de poser le style sur le cadran dans la direction qu'il doit avoir et de se servir d'un bon chronomètre pour marquer l'ombre projetée aux heures que l'instrument indique.

On peut encore, si l'on a un cadran déjà tracé (et l'on verra qu'il est bien facile de s'en procurer un), on peut le mettre devant la surface sur laquelle on se propose d'en faire un autre, prolonger le style et les lignes horaires connues jusqu'à cette surface, et joindre les points d'intersection de chaque ligne horaire avec le point d'intersection du style. Les droites ainsi déterminées sont les lignes horaires du nouveau cadran.

Ce moyen de les obtenir a beaucoup d'analogie avec celui qu'a proposé s'Gravesande, qui a réduit toute la gnomonique à une simple question de perspective. Cet auteur considère un cadran sur une surface quelconque comme l'image d'un cadran déjà tracé, la position de l'œil étant à l'extrémité du style convenablement dirigé. Mais l'idée de s'Gravesande, quoique juste et ingénieuse, n'est pas facile à appliquer. On lui préfère, avec raison, la méthode précédente. C'est aussi la seule dont nous nous sommes servi. Après en avoir donné une idée générale, on l'exposera plus loin dans tous ses détails.

Détermination des éléments d'un cadran incliné.

Toutes les lignes d'un cadran sont des fonctions de trois quantités : 1° de la *latitude* du lieu où le cadran doit être placé; 2° de son *inclinaison* sur l'horizon ; 3° de sa *déclinaison*.

Les courbes *diurnes* et la *méridienne du temps moyen* dépendent, en outre, de la longueur du style, des *déclinaisons* du soleil et des *équations du temps*.

A ces éléments il faudrait en ajouter deux autres qui sont variables dans les différentes saisons de l'année, et même aux différentes heures du jour.

Le premier est la *réfraction atmosphérique* qui élève sensiblement le lieu apparent du soleil au-dessus de l'horizon, et qui, par conséquent, accélère ou retarde son passage dans les cercles horaires, suivant que ces cercles sont avant ou après le méridien.

Le second élément est la *parallaxe du soleil*, ou la différence des hauteurs au-dessus de l'horizon, entre le lieu où il paraît vu de la surface de la terre et celui où il paraîtrait si l'on était au centre. La parallaxe agit dans le même plan vertical que la réfraction, en produisant un effet opposé, mais beaucoup plus petit. L'abaissement qui en résulte dans le lieu apparent du soleil ne dépasse jamais 9 secondes, tandis que la réfraction peut l'élever de 33 minutes lorsqu'il est près de l'horizon. Comme c'est par l'image apparente que les ombres sont formées, on conçoit que, pendant le temps que la hauteur du soleil change de 33 minutes, l'ombre d'un style peut parcourir un espace appréciable sur un grand cadran; mais la réfraction et la parallaxe diminuent fort rapidement, à mesure que le soleil approche du zénith. Pour une hauteur de 45 degrés par exemple, la réfraction n'est plus que de 1 minute, suivant Delambre. Les heures près de midi sont donc très-peu influencées par cette double cause : midi en est tout à fait indépendant. Ces heures étant celles où il est le plus ordinaire de recourir aux indications d'un cadran, on n'a eu égard ni à la réfraction ni à la parallaxe dans celui qu'on a tracé.

D'ailleurs, en supposant qu'une plus grande précision fût bien utile dans un pareil instrument, l'espace dont on pouvait disposer la rendait superflue (*).

Pour pouvoir tenir compte de la réfraction ou de la parallaxe, il faut que les heures ne soient indiquées que par l'ombre de l'extrémité du style; les lignes horaires sont alors des courbes dont les points correspondent aux ombres portées chaque jour, à la même heure, par cette extrémité (Ces lignes sont courbes, parce que le même plan horaire rencontre le soleil en des points inégalement

(*) Le lecteur se souviendra que l'on expose le mode suivi pour la construction d'un cadran, en même temps qu'une théorie générale.

élevés au-dessus de l'horizon dans les différents jours de l'année; d'où il suit que, pour la même heure, ni la réfraction ni la parallaxe ne sont constantes.) Or, la longueur qu'on a dû donner au style est telle, que l'ombre de son extrémité tombe toujours hors des limites du cadran avant 9^h15^m du matin et après 4^h30^m ou 5 heures du soir. Pendant une grande partie de l'année il y aurait même moins d'intervalle entre la première et la dernière heure, si elles n'étaient marquées que par l'ombre de la pointe du style.

Il a donc été permis de ne considérer que les six éléments précédemment indiqués. C'est de la recherche de ces données fondamentales qu'on s'est d'abord occupé.

De la latitude.

La latitude est l'angle que le style doit faire avec l'horizon pour représenter l'axe de la terre. La *hauteur du pôle* qu'on a dû employer était de 49°40'. Ce résultat s'accorde très-bien avec celui qu'on déduit du procédé suivant, qui exige seulement un niveau, une règle et un compas:

Soient A (*fig.* 1) l'extrémité d'une tige élevée sur le plan horizontal MN du lieu, *a* la projection de A sur MN, et A*a* la hauteur verticale de l'extrémité de la tige. Soient encore P, Q, R les ombres portées par le point A sur le plan horizontal, à trois heures différentes d'un même jour. Les rayons solaires AP, AQ, AR appartiennent à une surface conique qui a pour sommet le point A, pour base le cercle de déclinaison du soleil le jour de l'observation, et pour axe une droite menée par le sommet A parallèlement à l'axe terrestre. Si l'on prend sur ces génératrices trois points *p*, *q*, *r*, également éloignés de A, il est évident que ces trois points déterminent un cercle parallèle à la base du cône, ou perpendiculaire à une droite parallèle à l'axe terrestre. En construisant les traces de ce plan, et en leur menant, par les points A, *a*, des perpendiculaires, ces perpendiculaires sont des projections de la droite dont il s'agit. Cette droite fait, avec le plan horizontal, un angle facile à construire, et qui est précisément égal à la latitude.

En opérant de la manière suivante, les lignes nécessaires pour exécuter les constructions qui viennent d'être indiquées semblent réduites au plus petit nombre possible; ce qui influe beaucoup sur l'exactitude du résultat.

Sur chacune des droites *a*P, *a*Q, *a*R (*fig.* 2), on élève au point *a* une perpendiculaire égale à A*a*. Les extrémités A′, A″, A‴ de ces perpendiculaires, jointes avec P, Q, R, forment trois triangles *a*A′P, *a*A″Q, *a*A‴R, qui sont les rabattements sur le plan horizontal des triangles rectangles formés dans l'espace par les rayons solaires AP, AQ, AR, par leurs projections horizontales *a*P, *a*Q, *a*R et par la verticale. On porte la plus courte des trois hypoténuses A′P, A″Q, A‴R, par exemple A″Q, sur les deux autres, de A′ en *p* et de A‴ en *r*. Avant le rabattement des triangles, les trois points *p*, *q*, *r* déterminent un plan parallèle à l'équateur terrestre, et qui contient la droite *pr*. La projection horizontale de cette droite est la ligne H′H‴, les points H′, H‴ étant situés sur des perpendiculaires *p*H′, *r*H‴ aux droites *a*P, *a*R. *pr* et H′H‴ sont dans un même plan vertical, et se coupent en un point E qui appartient à la trace horizontale du plan parallèle à l'équateur. On obtient le point E en supposant que le plan vertical *pr* H′H‴ tourne autour de H′H‴ pour se rabattre sur le plan horizontal. La ligne *pr* vient alors se coucher sur *p′r′*, les deux points *p′r′* étant déterminés par les lignes *p′*H′, *r′*H‴ perpendiculaires à H′H‴, et respectivement égales à *p*H′ et à *r*H‴. Les droites *p′r′* et H′H‴, suffisamment prolongées, font connaître le point E, lequel joint à Q détermine la trace horizontale EQ du plan parallèle à l'équateur. Le style étant perpendiculaire à ce plan et contenu dans le méridien, qui est perpendiculaire à l'horizon, la droite aM, perpendiculaire à EQ, est la projection horizontale du style, ou la méridienne du plan horizontal.

Pour avoir la projection verticale du style, on peut prendre pour plan vertical de projection celui qui passe par la ligne de terre TT′, perpendiculaire à H′H‴. Ce plan vertical coupe la droite pr en un point dont la projection horizontale est en h, et dont la projection verticale est au point ν, distant de h de la quantité $\nu h = h′h$. La trace verticale du plan parallèle à l'équateur est donc la droite Tν. La projection verticale du point A est le point α, situé sur la perpendiculaire $a\alpha$ à TT′, et élevé au-dessus de TT′ de la quantité $\alpha\alpha′ = $ Aa. Par conséquent, la droite αS perpendiculaire à Tν est la projection verticale du style. Le style perce le plan horizontal au point S′ de la droite aM, et passe, d'ailleurs, par le point A. Donc, en élevant au point a une perpendiculaire $a\alpha″ = $ Aa, la droite S′$\alpha″$ est le rabattement du style autour de la méridienne aM sur le plan horizontal, et l'angle $\alpha″$S′a est celui que ce style fait avec le même plan ou la latitude.

C'est ainsi que l'on a vérifié la latitude de la Fère. La position respective des points A, a, P, Q, R a été fixée en mesurant les distances Aa, aP, aQ, aR, PQ, QR; on a trouvé

$$A a = 0^m,3235, \qquad a P = 0^m,2630, \qquad a Q = 0^m,2235,$$
$$a R = 0^m,2638, \qquad P Q = 0^m,1156, \qquad Q R = 0^m,2078.$$

Il serait facile de déduire de la *fig.* 2 l'angle du style (aM, αS) et de l'une des génératrices du cône A′P, A″Q, A‴R. Cet angle est égal au complément de la déclinaison du soleil le jour de l'observation. On pourrait donc encore ramener à un problème fort simple de géométrie descriptive l'évaluation de cette distance angulaire, si l'on n'avait pas d'autres moyens plus exacts de la déterminer.

Si, au lieu de recevoir les trois points d'ombre P, Q, R sur un plan horizontal, on les recevait sur un plan incliné, le même procédé qui sert à trouver la latitude ferait connaître l'angle du style et du plan incliné; car, en suivant la méthode qui vient d'être expliquée, on obtient l'angle du style et du plan, quel qu'il soit, qui passe par les points P, Q, R. Cet angle ne se trouve égal à la latitude du lieu de l'observation que parce que le plan PQR est censé parallèle à l'horizon de ce lieu.

L'observation précédente trouverait son application, si l'on voulait déterminer par des points d'ombre la *sous-stylaire* d'un cadran.

De l'inclinaison.

L'*inclinaison* du plan d'un cadran est le complément de l'angle ACB (*fig.* 4) formé par une verticale et par la perpendiculaire CB élevée sur l'horizontale de ce plan.

Cette inclinaison aurait pu être observée immédiatement avec un quart de cercle d'un grand rayon, de la même manière qu'on donne les degrés à un mortier. A défaut d'un pareil instrument, on s'est servi d'un fil-à-plomb suspendu à une règle AB horizontale.

On a promené la règle le long du mur BC, en faisant décrire aux points B et C deux horizontales tracées sur sa surface. On a trouvé que cette surface et le plan vertical décrit par le fil-à-plomb faisaient un angle ABC appartenant à un triangle rectangle, dans lequel AB = 1^{pouce} 9^{lignes}, et AC = 8^{pieds} 4^{pouces}. D'après ces données, l'angle ACB a été calculé ainsi qu'il suit :

Calcul de l'inclinaison.

$$AB = 1^{po} + 9^{lig} = 21^{lig}, \quad AC = 8^{pi} + 4^{po} = 100^{po} = 1200^{lig},$$

$$\text{tang ACB} = \frac{10^{10}.21}{1200};$$

$$
\begin{aligned}
\log 10^{10} &= 10 \\
\log 21 &= 1,32221929 \\
\log 1200 &= 3,07918125 \qquad ACB = 1^{o}\ 0'\ 9'',25 \\
\log \text{tang ACB} &= \overline{8,24303804} \qquad BCH = 88^{o}59'50'',75
\end{aligned}
$$

Ainsi l'inclinaison du cadran sur l'horizon est de 88°59′50″,75. La face du cadran est tournée vers le sud. L'angle qu'elle forme avec cette partie de l'horizon est le supplément du précédent, et = 91°0′9″,25.

De la déclinaison.

On appelle, en gnomonique, *déclinaison* d'un plan l'angle que sa trace sur l'horizon forme avec la ligne est ou ouest, ou avec la perpendiculaire à la méridienne décrite sur cet horizon. Lorsque le cadran est vertical, la déclinaison est égale à l'angle de ce cadran et du premier vertical, lequel est perpendiculaire au méridien, et, par conséquent, sans déclinaison.

Parmi divers moyens de déterminer cet angle, on a choisi celui qui consiste à tracer une méridienne sur un plan horizontal et à évaluer ensuite l'angle qu'elle fait avec l'horizontale du plan donné.

On s'est servi d'une planchette bien dressée et qui reposait sur deux barres de fer fixées dans le mur sur lequel le cadran devait être tracé. On l'a rendue horizontale au moyen d'un niveau à bulle d'air. Une tige en fer s'élevait sur la planchette et, exposée au soleil, projetait une ombre facile à distinguer. A deux heures différentes d'un même jour, on a observé les positions de deux longueurs égales de cette ombre. Les heures qu'on avait choisies étaient peu éloignées de midi (10 heures du matin et 2 heures après midi) : 1° parce qu'alors le soleil est plus brillant et l'ombre mieux terminée ; 2° parce que le changement de déclinaison du soleil est moindre ; car cette opération la suppose constante. La saison dans laquelle on se trouvait était très-favorable pour cela. On a observé, le 17 juin, lorsque le soleil est près du solstice d'été, époque où la déclinaison solaire varie peu, même d'un jour à l'autre.

Pour opérer commodément et avec exactitude, on a marqué sur la planchette la projection verticale de la pointe de la tige. Plusieurs cercles ont été décrits de cette projection prise pour centre, et l'on a noté les points où leurs circonférences étaient coupées par la trace de l'ombre. Il y a eu sur chaque cercle deux points d'intersection ; ils correspondaient à des positions du soleil également distantes du méridien. Le milieu de l'arc compris entre deux de ces points appartenait à la méridienne du plan horizontal. On a obtenu celle-ci, en joignant un des points milieux avec le centre commun des cercles.

La planchette était bien appuyée contre le mur ; elle le coupait suivant une horizontale AS (*fig.* 3). La méridienne faisait avec cette droite un angle BAS, complément de la déclinaison EAS. Pour trouver la valeur de SAB, on a formé un triangle CAB, dont les trois côtés ont été mesurés aussi exactement que possible. Les longueurs de

$$BC = a \qquad\qquad a = 0^m,403 ;$$
$$AC = b \quad \text{étaient} \quad b = 0^m,32 ;$$
$$AB = c \qquad\qquad c = 0^m,4173.$$

La formule

$$\cos \tfrac{1}{2} A = \frac{r \sqrt{p.(p-a)}}{\sqrt{bc}},$$

dans laquelle $p = \tfrac{1}{2}(a + b + c)$ et $r = 10^{10}$, a servi ensuite à calculer l'angle A, opposé au côté a.

Calcul de la déclinaison.

$$2p = 1^m,1403 \qquad c = 0,4173$$
$$p = 0^m,57015 \qquad b = 0,32$$
$$a = 0^m,403 \qquad \overline{\quad 8346\quad}$$
$$p - a = \overline{0^m,16715} \qquad 12515$$
$$bc = \overline{0,133536}$$

$$\cos(\tfrac{1}{2}A) = \frac{10^{10}\sqrt{0,57015.0,16715}}{\sqrt{0,133536}};$$

$$\cos^2(\tfrac{1}{2}A) = \frac{10^{10}57015.16715.1000000}{133536}.$$

$$\log \ 57015 = 4,7559891 \qquad \log\cos\tfrac{1}{2}A = 9,9267485$$
$$\log \ 16715 = 4,2231064 \qquad \tfrac{1}{2}A = 32°21'\ 2'',2$$
$$10\log 1000000 = 16,0000000 \qquad A = 64°42'\ 4'',4$$
$$\overline{24,9790955} \quad 90° - A = 25°17'55'',6$$
$$\log 133536 = 5,1255984$$
$$2\log\cos\tfrac{1}{2}A = \overline{19,8534971}$$

Donc la déclinaison, comptée de l'est au sud, est de 25°17′55″,6.

De la longueur du style.

Rien ne détermine d'une manière absolue la longueur du style d'un cadran. Tout ce qu'on peut dire de général à ce sujet, c'est qu'elle dépend de l'étendue du cadran ; et, en effet, dans la plupart des cas, le style pourrait être plus long ou plus court de quelques centimètres, sans le moindre inconvénient.

Il est d'abord évident que cette longueur n'influe pas sur la direction des lignes horaires.

Elle n'influe pas davantage sur la nature des courbes diurnes ; car chacune de ces courbes résulte de l'intersection du plan du cadran et d'une surface conique, qui a le

2

style pour axe et qui a pour base un des cercles de déclinaison du soleil, et l'on sait que les sections coniques sont semblables, lorsque les plans coupants sont parallèles. Ainsi, la plus ou moins grande longueur du style ne pourrait faire changer que la position et les dimensions des courbes diurnes.

Il suit de là que le tracé de l'épure d'un cadran peut seul déterminer la longueur du style. On a vu, pour celui dont il s'agit, qu'en la prenant de $1^m,30$, toutes les courbes se prolongeaient assez loin de chaque côté de la méridienne; les courbes extrêmes, entre lesquelles l'ombre de la pointe du style doit toujours tomber (du moins lorsque ces courbes correspondent aux plus grandes déclinaisons du soleil), sont aussi distantes que l'a permis la hauteur du trumeau sur lequel le cadran est tracé; la marche de l'ombre d'un jour à l'autre ne pouvait pas y être rendue plus apparente.

Des déclinaisons du soleil nécessaires pour le tracé des courbes diurnes.

Un cadran servirait de calendrier diurne s'il avait assez d'étendue pour qu'on pût y marquer distinctement les 183 courbes que l'ombre de la pointe du style décrit dans une année. Le tracé de toutes ces courbes étant impossible, on se contente d'en décrire quelques-unes qui rappellent des époques remarquables. On a choisi, suivant l'usage, les courbes diurnes qui correspondent à l'entrée du soleil dans chaque signe du zodiaque. La simple inspection du cadran ferait donc connaître, au besoin, le nom du mois dans lequel on se trouve. Mais c'est la moindre utilité des courbes.

Elles peuvent encore servir à régler une montre, à toute heure, en faisant connaître approximativement (*fig.* 5), sans qu'on ait besoin d'attendre midi, la différence du

temps vrai au temps moyen, un jour quelconque de l'année. En effet, supposons que, lorsqu'on regarde le cadran,
l'ombre de la pointe du style soit en P, entre les deux
courbes AB, CD. On concevra, par le point P, une
courbe à peu près parallèle à celle qui est la plus voisine
de P. Cette courbe auxiliaire, prolongée par la pensée
de part et d'autre de la méridienne du temps moyen,
pourra représenter, sans erreur sensible, la courbe du
jour où l'on se trouve. Elle coupera la ligne de midi, et
la méridienne du temps moyen en deux points M et N,
dont on appréciera à vue la distance respective. Cette
distance comparée à MQ, qui est, je suppose, la distance
de midi à 11 heures 45 minutes, fera connaître, par approximation, la différence du midi vrai au midi moyen.

Les courbes diurnes ne sont pas en même nombre que
les signes du zodiaque; il ne doit y en avoir que sept. Pour
le faire voir, représentons par ♐ ♎ ♋ ♈ (*fig.* 6) l'éclip-
tique ou l'ellipse presque circulaire que la terre décrit
dans une année autour du soleil, en tournant d'ailleurs
sur elle-même toutes les vingt-quatre heures.

Pendant le mouvement de translation, l'axe terrestre en-
gendre une surface, à peu près cylindrique, dont l'écliptique
est la base. L'équateur, qui est perpendiculaire à cet axe, se
meut parallèlement à lui-même, en coupant l'écliptique
suivant des droites parallèles ♍ A, ♌ H, ♏ X, ♒ ♒.

L'une de ces traces, ♎ ♈, passe nécessairement par le
centre S du soleil, qui est supposé fixe à l'un des foyers de
l'écliptique; deux autres (♋, HY), (♐, ET), sont tangentes à cette courbe.

La première parallèle ♎ ♈ est la ligne *des équinoxes.*
Lorsque le centre de la terre est en ♎ ou en ♈, le jour
est égal à la nuit dans tous les pays.

Le diamètre ♐ S ♋, qui joint les points de contact des
parallèles extrêmes HY, ET, est la ligne *des solstices.* Lors-

que la terre est à l'un de ces points, la différence entre la nuit et le jour est la plus grande possible.

Si l'on conçoit une droite qui joigne les centres du soleil et de la terre, cette droite fait avec l'équateur un certain angle, qui mesure la distance de cet équateur et d'un plan parallèle passant par le centre du soleil. Cet angle, variable à chaque instant, puisque le sommet se meut continuellement sur l'écliptique, est la *déclinaison du soleil*. Le plan à partir duquel elle est comptée est l'*équateur céleste*.

Il est évident que la déclinaison est nulle aux équinoxes, et qu'elle atteint son maximum aux solstices, où elle est précisément égale à l'obliquité du plan de l'écliptique sur celui de l'équateur. Dans les positions intermédiaires de la terre, la déclinaison a une valeur comprise entre les précédentes; mais elle est la même, lorsque la terre est au point ♍ que lorsqu'elle est au point ♓, ces deux points étant situés sur une parallèle à la ligne des équinoxes.

La surface conique qui produit une courbe diurne par son intersection avec le cadran a pour angle au centre le complément d'une déclinaison. Toutes les surfaces ont le même axe et le même sommet : le style et son extrémité. Chaque courbe doit donc convenir aux deux jours de l'année pour lesquels la déclinaison est la même et de même nom.

Les signes se comptent sur l'écliptique, à partir de l'équinoxe variable du printemps ou du premier point ♈ du Bélier. Si l'écliptique était un cercle parfait, ils seraient juste de 30 degrés chacun, et pour les jours où le soleil y entrerait, la déclinaison ne pourrait avoir que sept valeurs différentes : une nulle, trois boréales et trois australes, correspondantes aux points de l'écliptique éloignés des équinoxes de 0, 30, 60, 90 degrés.

La ligne des équinoxes passant par le foyer d'une ellipse, les déclinaisons du soleil, à son entrée dans chaque signe, doivent différer des précédentes, mais en différer fort peu, puisque l'écliptique approche beaucoup d'un cercle.

Ces déclinaisons sont des résultats de calculs astronomiques insérés dans l'*Annuaire du Bureau des Longitudes.* Voici leurs valeurs, telles qu'on les trouve à la page 7 de l'*Annuaire* de 1821 (*) :

Jours de l'entrée du ⊙ dans les signes et déclinaisons correspondantes.

NOM DU SIGNE.	FIGURE DU SIGNE.	JOURS DE L'ENTRÉE.	DÉCLINAISON correspondante.
Le Bélier......	♈	20 mars........	0°
Le Taureau....	♉	20 avril........	11°30' (bor.)
Les Gémeaux...	♊	21 mai........	20.11
L'Écrevisse.....	♋	21 juin........	23.28
Le Lion........	♌	23 juillet......	20. 8
La Vierge......	♍	23 août........	11.30
La Balance.....	♎	23 septembre...	0.
Le Scorpion....	♏	23 octobre.....	11.24 (austr.)
Le Sagittaire...	♐	22 novembre...	20. 9
Le Capricorne..	♑	22 décembre...	23.18
Le Verseau.....	♒	20 janvier......	20. 8
Les Poissons...	♓	18 février......	11.38

Le tableau ci-dessus fait voir que les déclinaisons moyennes du soleil, les jours où il entre dans les signes du zodiaque, peuvent se réduire à 0 degré, 11°,30, 20°,11 et 23°,28. Les trois dernières valeurs se rapportent à des déclinaisons australes et boréales ; elles ne diffèrent des vé-

---

(*) Le cadran dont on décrit la construction a été exécuté cette année-là. Si l'on avait à construire aujourd'hui un cadran, on prendrait de préférence les déclinaisons indiquées par l'*Annuaire* de l'année courante, bien qu'elles diffèrent peu les unes des autres.

ritables que de quelques minutes, qu'on a négligées pour abréger les constructions et les calculs.

Ces déclinaisons ne sont pas exactement les mêmes pendant deux années consécutives; la nutation de l'axe terrestre fait varier de 18 secondes l'obliquité de l'écliptique. Cette petite variation doit en produire d'autres dans les distances à l'équateur céleste des points de l'écliptique qui sont l'origine des arcs de signes. On remarque, en effet, que les distances angulaires dont il s'agit ne repassent par les mêmes valeurs qu'après une période de 19 ans environ, qui est la durée totale de la nutation ; mais le changement qui en résulte dans la position successive des courbes diurnes est insensible. L'erreur est certainement comprise dans l'épaisseur du trait qu'il faut donner à ces lignes.

Les déclinaisons solaires ne sont pas même constantes pendant tout un jour; le mouvement de translation de la terre sur l'écliptique les fait changer à chaque instant; mais ce mouvement annuel est si lent, comparé au mouvement diurne, qu'on peut, en gnomonique, les regarder comme successifs, et supposer qu'après chaque révolution diurne, le centre de la terre parcourt instantanément l'arc de l'écliptique qu'il a réellement parcouru dans la révolution entière. Cette hypothèse rend les déclinaisons variables, seulement toutes les vingt-quatre heures. Les courbes correspondent à leurs valeurs moyennes dans cet intervalle.

Des équations du temps nécessaires pour tracer la courbe du temps moyen.

On sait que la durée du jour solaire, ou du temps qui s'écoule entre deux passages consécutifs du soleil au même méridien, n'est pas constante pendant les différentes saisons de l'année. Deux causes contribuent à la rendre inégale : la première est l'obliquité du plan de l'écliptique sur celui de l'équateur ; la seconde est le mouvement irrégulier qui transporte le centre de la terre sur son orbite.

Il résulte de ces inégalités que les heures marquées par un cadran ne peuvent point s'accorder avec celles d'une montre ordinaire, dont le mouvement est uniforme, ou censé tel. Si la montre commence et finit son mouvement en même temps que la terre commence et finit le sien autour de son axe mobile et incliné sur l'écliptique, la montre indiquera les divisions du jour moyen. Ce jour, dont la durée est constante, se trouvera tantôt plus grand, tantôt plus petit que le jour solaire (*).

Il est utile de connaître cette différence ; car la mesure la plus naturelle et la plus commune du temps étant fournie par le mouvement du soleil, une bonne horloge ne devrait pas avoir un mouvement d'une autre nature. De pareils mouvements ne pouvant pas être exécutés, du moins dans les montres ou horloges ordinaires, on est obligé de les retarder ou de les avancer de temps en temps, pour les mettre à l'heure précise indiquée par le soleil. La correction à faire n'est jamais très-grande, parce que les différences du temps vrai au temps moyen ne croissent pas avec beaucoup de rapidité ; aussi se contente-t-on de chercher la valeur totale des différences qui se produisent en vingt-quatre heures solaires ; ces valeurs sont les *équations du temps*. Elles se trouvent toutes calculées, pour l'heure de midi, dans l'*Annuaire du Bureau des Longitudes*. C'est encore de cet ouvrage qu'on a extrait les équations nécessaires pour le tracé de la courbe du temps moyen.

Cette courbe n'est qu'une représentation graphique de toutes les équations : elle est le lieu des ombres portées par l'extrémité du style aux heures solaires correspondantes

---

(*) Depuis plusieurs années, les horloges publiques, dans les villes principales d'Europe, sont réglées sur le temps moyen. La courbe du temps moyen peut servir à déterminer le temps vrai.

à chaque midi moyen. Lorsque l'extrémité de l'ombre atteint la courbe (dans la branche qui se rapporte au signe ou au mois actuel), il est midi moyen. Ainsi, par exemple, au mois de mai, dont le nom est écrit sur le troisième arc de signe et à droite de la méridienne vraie, chaque courbe diurne coupe la méridienne du temps moyen en deux points *m*, *n* (*fig.* 5). Mais il n'est midi moyen qu'à l'instant où l'ombre de la pointe du style arrive au deuxième point *n*. Pendant le mois de juillet, au contraire, il est midi moyen lorsque l'ombre se termine en *m* à gauche de la ligne de 12 heures solaires ou entre 11 heures et midi vrai.

En regardant le cadran dont il s'agit, on a l'ouest à gauche et l'est à droite; l'ombre va de l'ouest à l'est, dans le sens du mouvement réel de la terre. Au mois de mai, le temps moyen retarde sur le temps vrai; au mois de juillet, le temps moyen avance (*).

Si l'on observe deux jours de suite le temps qui s'écoule entre le midi moyen et le midi vrai, la différence des temps observés fait connaître l'inégalité du mouvement apparent du soleil pendant les deux jours. Pour savoir si une montre est juste, il faut donc la régler sur le midi moyen, et voir si, le lendemain, le midi de la montre

---

(*) L'équation du temps est positive lorsque le soleil moyen avance, et négative quand il retarde. On a supposé (*fig.* 5) que les équations positives étaient portées entre midi et 11 heures, et les négatives entre midi et 1 heure. On pourrait faire l'inverse : on aurait alors la courbe des *temps moyens à midi vrai*, au lieu d'avoir la courbe des *temps vrais à midi moyen*. Les deux courbes ne sont pas égales, mais elles peuvent servir au même usage et indiquer l'une et l'autre le midi moyen à midi vrai, pourvu qu'on écrive convenablement les noms des mois auxquels chaque arc de courbe correspond. Les mois écrits à droite de la ligne de 12 heures vraies, dans un cas, doivent l'être à gauche dans l'autre cas, et réciproquement. Sur la *fig.* 5, ils sont écrits comme sur le cadran représenté dans l'*Astronomie physique* de M. Biot; et sur la *fig.* 28, comme sur le cadran représenté dans le 10e cahier du *Journal de l'École Polytechnique* (1810).

coïncide encore avec le midi moyen, ou, ce qui revient
au même, on peut mettre aujourd'hui la montre sur le
midi du cadran et observer l'équation du temps; faire la
même observation le lendemain, prendre la différence des
deux équations consécutives, et voir si cette différence se
retrouve entre le midi de la montre et le midi vrai.
L'accord doit être parfait, si le cadran est juste, pour que
la montre soit bien réglée.

Le tracé d'une méridienne du temps moyen exige une
série de calculs assez longs et assez pénibles; on n'a fait
ces calculs que pour dix-huit points. La méthode graphique est beaucoup plus courte et d'une exactitude suffisante. On s'en est servi pour déterminer plusieurs autres
points; ceux qu'on a calculés se rapportent aux équations
du temps comprises dans les tableaux ci-dessous.

Équations correspondantes aux jours de l'entrée du ☉ dans
les signes du zodiaque.

JOURS.	DÉCLINAIS. DU ☉ à midi vrai.	TEMPS MOYEN à midi vrai.	ÉQUATIONS.
20 mars.	0°	0ʰ 7ᵐ 41ˢ	+ 7′41″
20 avril	11°30′ B.	11. 58. 52	— 1. 8
21 mai.	20.11	11. 56. 14	— 3.46
21 juin........	23.28	0. 1. 15	+ 1.15
23 juillet.	20. 8	0. 5. 55	+ 5.55
23 août........	11.30	0. 2. 25	+ 2.25
23 septembre...	0	11. 52. 22	— 7.38
22 octobre.	11.24 A.	11. 44. 27	— 15.33
22 novembre...	20. 9	11. 46. 20	— 13.40
22 décembre. ..	23.18	11. 58. 53	— 1. 7
20 janvier......	20. 8	0. 11. 25	+ 11.25
18 février......	11.38	0. 24. 16	+ 14.16

Équations maximum et minimum.

JOURS.	DÉCLINAIS. DU ☉ à midi vrai.	TEMPS MOYEN à midi vrai.	ÉQUATIONS.
24 décembre..	23°27′ A.	11ʰ 59ᵐ 53ˢ	— 0′ 7″
3 novembre..	15. 4	11. 43. 44	— 17.16
1ᵉʳ septembre..	8.10 B.	11. 59. 52	— 0. 8
25 juillet.....	19.42	0. 6. 7	+ 6. 7
15 juin.......	23.20	11. 59. 59	— 0. 1
15 mai.......	18.51	11. 56. 3	— 3.57
15 avril.......	9.45	0. 0. 3	+ 0. 3
11 février.....	14.21 A.	0. 14. 36	+ 14.36

Tracé des lignes horaires.

Soit AB (*fig.* 19) une horizontale tracée sur le plan incliné où le cadran doit être construit. On peut regarder AB comme l'intersection de deux plans, l'un vertical et l'autre horizontal, et ceux-ci peuvent servir de plans de projection. Le plan du cadran est alors derrière le plan vertical, avec lequel il fait un angle *acb* égal au complément de l'inclinaison observée BCH (*fig.* 4). L'angle *acb* est nécessaire pour fixer la position du cadran, parce qu'ici les deux traces se confondent en une seule, la ligne de terre AB.

Pour pouvoir tracer les lignes horaires, il suffira de connaitre deux points de chacune, par exemple celui où elles concourent et qu'on appelle le centre du cadran, et celui où elles coupent l'horizontale AB. Voici la manière de déterminer le premier de ces points.

Détermination du centre du cadran.

Le centre d'un cadran doit être situé, autant que possible, sur la droite qui en divise la largeur en deux par-

ties égales et toujours en un point de cette droite, tel que
toutes les courbes diurnes soient comprises et très-visibles
dans l'espace dont on peut disposer. Il est facile de fixer la
position de ce centre et celle des lignes horaires, en se servant, comme on va l'expliquer, du centre et des lignes correspondantes d'un cadran horizontal.

Soit M un point situé à peu près au milieu de l'horizontale AB. Regardons-le comme l'intersection de AB
avec le méridien. Le point M est alors commun à la
méridienne du cadran horizontal et à la méridienne du
cadran incliné. La première méridienne est une droite
CM située dans le plan horizontal de projection, et faisant avec MB un angle égal au complément de la déclinaison observée CAE (*fig.* 3). La seconde méridienne
doit être la trace, sur le mur, d'un plan passant par CM
et perpendiculaire à l'horizon. Celle-ci serait la verticale
élevée en M, si le mur n'était pas incliné; car l'intersection de deux plans verticaux doit être verticale. L'*inclinaison* du mur la fait pencher à droite ou à gauche d'une
certaine quantité, qui sera connue si l'on trouve le point O
où le style du cadran horizontal vient percer le mur.

Pour trouver O, il faut se donner la distance de M au
point C, où le style du cadran horizontal est censé élevé.
La longueur MC est à peu près arbitraire; elle n'influe
que sur la hauteur que le centre O du cadran doit avoir
au-dessus de AB, qui est une droite prise à volonté.

Nous avons fait MC égal à 2 mètres, parce que la latitude de la Fère ne différant pas beaucoup d'un demi-angle
droit, on pouvait prévoir que AB serait à cette distance
(2 mètres) de O. Il importait que les points O et N, qui
déterminent chaque ligne horaire, fussent un peu éloignés l'un de l'autre, afin qu'il y eût moins d'erreur sur
la direction de la ligne, lorsqu'on la tracerait sur le cadran dont la hauteur était de 3ᵐ,50 environ.

Après que l'on a fixé la distance CM, la position du

style commun aux deux cadrans n'a plus rien d'àrbi-
traire; il doit être dans le méridien dont CM représente
la trace horizontale, passer par C et faire avec CM un
angle égal à la latitude observée $aS'\alpha''$ (*fig.* 2). Le point O
résulte de ces trois conditions ; on le détermine en cherchant d'abord la méridienne qui doit le contenir. Pour
pouvoir tracer cette dernière ligne, il suffit d'en connaître
un seul point, puisqu'elle doit déjà passer en M.

A une hauteur quelconque au-dessus de AB (*fig.* 19)
menons un plan horizontal dont bD soit la trace verticale.
Le plan bD coupera le mur et le méridien suivant deux
horizontales, qui se couperont elles-mêmes en un point
de la méridienne.

L'horizontale du mur a pour projection verticale bD,
et pour projection horizontale une droite $D'b'$ située
derrière le plan vertical et menée parallèlement à AB, à
la distance $a'D' = ab$. L'horizontale du méridien a pour
projections verticale et horizontale les droites bD et CM ;
les projections du point d'intersection des deux horizontales sont les points D, D' ; par conséquent, DM est la projection verticale de la méridienne du mur, et D'M en est
la projection horizontale.

Rabattons le méridien sur le plan horizontal, en le
faisant tourner autour de CD'. Le style, situé dans le méridien, prendra une position CO', telle que l'angle MCO'
soit égal à la latitude ; le point (D, D') viendra en E sur
une droite D'E perpendiculaire à CD' et à une distance
D'E = Da'. Par conséquent, MEO' représentera la méridienne du mur couchée sur le plan horizontal, CO'M sera
l'angle que le style forme dans l'espace avec cette méridienne, et le sommet O' sera le rabattement du point où
le style perce le mur.

On aura les projections du point O' en supposant que
le méridien se relève et reprenne sa position primitive.
Dans ce mouvement, O' décrit un cercle qui a pour pro-

jection horizontale la droite O'F perpendiculaire à CD'. Donc le point F est la projection horizontale du centre du cadran incliné, et le point G de la droite DM, élevé au-dessus de AB de la quantité O'F = GH, en est la projection verticale.

Il ne suffit pas de connaître les projections du centre du cadran ; il faut encore avoir sa véritable position sur le mur ; on l'obtient en rabattant le plan du mur sur le plan horizontal.

Lorsqu'on suppose que le plan incliné tourne autour de AB, la longueur de O'M ne change pas ; l'angle de cette droite et de la charnière BM ne change pas non plus ; le point O' ou (F, G) vient se placer sur la droite GH, perpendiculaire à AB, et en un point O, situé sur le cercle décrit du point M comme centre, avec le rayon O'M. MO est alors la méridienne du cadran incliné rabattue sur le plan horizontal ; AMO est l'angle qu'elle fait sur le mur avec l'horizontale AB. On a donc tout ce qu'il faut pour tracer cette méridienne et pour fixer le point O où elle est rencontrée par le style.

Lorsque la méridienne et le point de concours de toutes les lignes horaires sont déterminées, il reste à trouver les points où ces lignes coupent AB.

Détermination des points où les lignes horaires coupent l'horizontale.

L'équateur est perpendiculaire à l'axe terrestre, intersection commune des plans horaires ; donc les arcs de l'équateur compris entre ces plans mesurent leur inclinaison respective. Si, en un point quelconque du style, on mène un plan qui lui soit perpendiculaire, et si l'on décrit dans ce plan un cercle qui ait son centre sur le style, la circonférence sera divisée de 15 en 15 degrés par les plans horaires. Les rayons qui passent par les points de

division étant prolongés jusqu'au plan horizontal, détermineront un point de chaque ligne horaire du cadran tracé
dans ce plan. Toutes ces lignes devant d'ailleurs passer par
le pied du style, seront donc connues. En les prolongeant
jusqu'à AB, on aura les points des lignes horaires du cadran incliné qui se trouvent sur cette horizontale.

Pour faire les constructions précédentes de la manière la
plus simple, prenons CD' (*fig.* 19) pour la ligne de terre,
et le méridien élevé sur cette ligne pour le plan vertical de
projection. Alors le style a pour projections horizontale
et verticale CM et CO'. Les traces d'un plan parallèle à
l'équateur sont des droites, telles que IK, IK', respectivement perpendiculaires à CM et à CO'. Rabattons l'équateur sur le plan horizontal, en le faisant tourner sur sa
trace horizontale IK. Le centre du cercle ne sortira pas
du méridien et se placera en J, sur la droite CM et à une
distance IK" = IJ. Une circonférence $mM'm$, décrite du
point J comme centre, sera le rabattement de celle de
l'équateur. Si, à partir de JM', qui est le rabattement de
la méridienne équatoriale, on divise la circonférence de
15 en 15 degrés (de 7°3o' en 7°3o', ou de 3°45' en 3°45', si
le cadran doit marquer les demies ou les quarts d'heure),
les rayons, passant par les points de divisions m, seront
les lignes horaires du cadran équatorial rabattu horizon-
talement. Ces lignes coupent la charnière IK en des
points m', qui ne changent pas de position lorsque l'équateur se relève et redevient perpendiculaire au style. En
joignant les points m' avec C, on a les lignes horaires Cm'
du cadran horizontal. Les lignes Cm' coupent AB en des
points N, qui appartiennent aux lignes horaires du cadran
incliné, lesquelles sont, par conséquent, des droites telles
que ON. Les lignes du soir sont dirigées vers l'est, et les
lignes du matin vers l'ouest, toujours du côté opposé au
lieu apparent du soleil.

On n'a pas besoin d'exécuter les opérations ci-dessus

pour chaque ligne horaire. Lorsqu'on a déterminé celles qui sont comprises dans l'intervalle de six heures consécutives, on peut en déduire très-simplement toutes les autres.

Représentons les lignes horaires connues par ... $O\,10$, $O\,11$, $O\,12$, $O\,1$, $O\,2$, $O\,3$, $O\,4$...; prenons un point quelconque a ($fig.$ 10) de la ligne $O\,10$ et menons une parallèle MaN à la ligne $O\,4$, qui est éloignée de six heures entières de $O\,10$. Si l'on fait $ab' = ab$, $ac' = ac$,..., je dis que les droites Ob', Oc',... seront les lignes de 9^h, 8^h,....En effet, MaN peut représenter la trace sur le cadran d'un plan parallèle à celui de 4 heures et, par conséquent, perpendiculaire au plan de 10 heures, qui est incliné sur le précédent de $6.15 = 90$ degrés. En concevant par le point a une perpendiculaire au plan de 10 heures, elle sera dans le plan dont la trace sur le cadran est MaN. Ce plan coupe les plans horaires $O\,10$, $O\,11$, $O\,12$,..., $O\,9$, $O\,8$,..., suivant des parallèles au style, puisque les intersections de deux plans parallèles $O\,4$, MaN par un troisième, $O\,10$, ou $O\,11$, ou $O\,12$,..., ou $O\,9$, ou $O\,8$,..., sont toujours parallèles entre elles. La droite menée par a rencontre ces parallèles bm, cn,..., $b'm'$, $c'n'$,..., en des points m, n,..., m', n',..., qui appartiennent à des triangles $\dfrac{abm}{ab'm'} \,\Big|\, \dfrac{acn}{ac'n'}$, égaux deux à deux ; par exemple, le triangle abm est égal à $ab'm'$; car $ab' = ab$; l'angle a est commun et les angles m, m' sont égaux, puisque bm est parallèle à $b'm'$. Il résulte de cette égalité que $am = am'$ et que les plans $m'b'O$, mbO sont également inclinés sur celui de 10 heures. Donc les droites Ob', Oc',... sont les lignes de 9^h, 8^h si les droites Ob, Oc sont les lignes de 11^h, 12^h.

Le moyen qui vient d'être indiqué pour déterminer les lignes horaires est applicable à tous les cadrans plans. Il est convenable de le faire servir à vérifier les résultats obtenus par l'autre méthode, et surtout à vérifier les lignes qui coupent AB à une trop grande distance du point M.

Mais, de quelque manière qu'on l'emploie, il importe de ne tracer que des lignes horaires utiles. On doit donc commencer par chercher les heures les plus éloignées de midi que le cadran peut indiquer. C'est de cette recherche qu'il va être question.

Des heures les plus éloignées de midi qu'un cadran peut indiquer.

Le pied O (*fig.* 19) du style représentant le centre de la terre, l'horizon doit passer par ce point. Le style ne peut pas porter ombre lorsque le soleil est au-dessous de l'horizon. Donc l'horizontale POP', menée par le centre du cadran, est la limite des lignes horaires utiles, puisque celles qui seraient au-dessus de PP' appartiendraient à la nuit. Il est évident que ces lignes horizontales OP, OP' correspondent à des heures éloignées de 12 heures; car elles sont le prolongement l'une de l'autre de chaque côté du centre O.

On trouve le numéro de ces heures extrêmes en remarquant qu'elles se rapportent au lever et au coucher du soleil dans le plan du cadran. En effet, lorsque le soleil est dans ce plan AB, *abc*, l'extrémité du style n'y peut projeter aucune ombre, ou, en d'autres termes, l'ombre alors projetée est à une distance infinie du centre du cadran. Si, en même temps que le soleil est dans le cadran, il est aussi dans l'horizon, l'extrémité de l'ombre doit se trouver dans un plan horizontal mené par la pointe du style, car ce plan horizontal peut être pris pour l'horizon PP', dont il n'est éloigné que d'une quantité nulle relativement à la distance de la terre au soleil. Donc les lignes horaires qui correspondent au lever et au coucher du soleil dans le plan du cadran passent : 1° par le pied du style, comme toutes les autres; 2° par un point qui en est infiniment éloigné et qui est situé sur une horizontale AB du plan AB, *abc*; elles sont parconséquent parallèles à AB, ou horizontales elles-mêmes.

Lorsque le centre du soleil est à la fois dans le plan incliné et dans le plan horizontal, c'est-à-dire en A ou en B, l'ombre du style sur le plan horizontal doit être parallèle à la trace AB du cadran incliné; car si ces deux droites se coupaient à une distance finie, le point d'intersection *n* appartiendrait à l'ombre du style sur le plan incliné, et la droite O*n*, différente de OP, deviendrait la limite des lignes horaires; ce qui ne peut être.

Il suit de là que les lignes horaires du cadran horizontal qui se rapportent au lever et au coucher du soleil dans le plan incliné, forment une seule droite A'CB' parallèle à AB (*fig.* 19). En prolongeant A'B' jusqu'à la trace IK de l'équateur, et en joignant le point d'intersection A″ avec le centre J de ce cercle, on obtient un rayon qui coupe la circonférence en un point μ. La distance de M' au point μ, mesurée à raison de 15 degrés par heure, fait connaître le numéro de la première et de la dernière heure que le cadran peut marquer.

L'*Annuaire du Bureau des Longitudes* indique les jours où le soleil se lève et se couche aux heures déterminées. On peut aussi savoir dans quelles saisons le soleil se lève ou se couche devant ou derrière le cadran. Il est facile ensuite de déduire de ces données le nom des jours où le cadran est éclairé pendant tout le temps que le soleil paraît au-dessus de l'horizon.

Supposons, par exemple, que AD'BM (*fig.* 11) soit l'horizon de la Fère, et que CP représente le style faisant avec la méridienne CM un angle égal à la latitude de ce lieu. La surface du cadran coupe l'horizon suivant AB, et laisse derrière elle le pôle élevé P.

Le soleil se lève ou se couche lorsque les différents points F, G, H, E, situés aux limites de l'horizon, viennent le rencontrer. Les cercles horaires CPM, CPE, CPG,... s'avancent ensuite vers l'astre, en tournant dans le sens OE sur l'axe immobile CP. Ils décrivent des cercles perpendiculaires à CP. Midi arrive, lorsque le méridien CPM passe par le centre du soleil, etc.

Lorsque le soleil est en E, derrière AB, il n'éclaire point encore *directement* la face antérieure du plan AB. Il ne peut commencer à l'éclairer de cette manière qu'après que le cercle PB, plus rapproché du méridien PM que PE, a eu le temps d'arriver jusqu'à lui et même de le dépasser; la première heure indiquée par le cadran, le jour où le soleil se lève en B, est donc moins éloignée de midi que celle qu'il indique, le jour où il se lève en E.

Lorsque le soleil se lève en F, devant AB, le cercle horaire PB doit l'avoir rencontré avant qu'il ne paraisse à l'horizon, puisque PB précède PF. Ce dernier cercle précédant lui-même le méridien PM, il faut encore que l'heure du lever du soleil en F soit plus près de midi que l'instant de son passage par le cercle PB.

Ce qu'on vient de dire relativement au lever du soleil en B est applicable à son coucher en A. On retrouve donc ici cette proposition déjà démontrée d'une autre manière : *Les limites des lignes horaires correspondent au lever et au coucher du soleil dans le plan du cadran.*

En appliquant ces considérations générales à notre exemple, nous avons trouvé que le soleil devait paraître aux points A et B à 7ʰ19ᵐ du matin et du soir. L'*Annuaire* de 1821 indique que, le 19 novembre et le 1ᵉʳ février, le soleil se leva à 7ʰ19ᵐ à l'Observatoire de Paris, dont l'horizon diffère peu de celui de la Fère. Les jours intermédiaires, il se lève plus tard, en F; à ces derniers levers, il sera en avant du cadran. Donc, depuis le 10 novembre jusqu'au 1ᵉʳ février, le cadran commence à être éclairé aussitôt que le soleil se lève.

Depuis le 1ᵉʳ février jusqu'au 10 novembre de la même année, le lever a lieu avant 7ʰ19ᵐ, c'est-à-dire en E, E',.... Alors le soleil est derrière le cadran et ne l'éclaire pas encore.

Le 10 août et le 3 mai, le soleil se couche à 7ʰ19ᵐ, ou en A. Entre ces deux époques il se couche plus tôt, au point G, en avant de AB. Donc, depuis le 10 août jusqu'au 3 mai, ce plan est éclairé lorsque le soleil se couche. Depuis le 3 mai jusqu'au 10 août, le coucher a lieu après 7ʰ19ᵐ, en H. Donc, à cette heure, le soleil ne peut pas éclairer le cadran.

Il résulte de cette discussion que, depuis le 10 novembre jusqu'au 1ᵉʳ février, le cadran marque l'heure au lever et au coucher du soleil. Mais il ne peut servir, ni au lever, ni au coucher de cet astre, depuis le 3 mai jusqu'au 10 août.

Les détails dans lesquels on vient d'entrer font naître cette question :

A quelle heure un cadran commence-t-il à être éclairé et finit-il de l'être, un jour donné?

Pour trouver l'heure dont il s'agit, il faut se rappeler, 1° que le soleil commence à éclairer ou finit d'éclairer un plan, se lève ou se couche pour lui, lorsque son centre est dans ce plan ; 2° que ce centre est toujours situé dans quelque plan horaire pendant la révolution diurne, et qu'il doit par conséquent se trouver sur une des droites qu'on peut mener par le centre de la terre, sous la condition de faire avec son axe un angle égal au complément Δ de la déclinaison du soleil. Le problème proposé est alors réduit à déterminer l'intersection du plan du cadran avec une surface conique dont Δ est l'angle au centre, qui a pour axe le style et pour sommet le centre O du cadran. Les deux arêtes d'intersection sont les lignes horaires demandées.

3.

Soit OC′ (*fig.* 20) la position du style relativement à celle du soleil *s* placé quelque part sur la droite OQ ; l'angle C′OQ est égal à Δ. Par un point quelconque E′ de OC′, imaginons un plan qui soit perpendiculaire à OC′ ; il coupera la surface conique engendrée par OQ, suivant un cercle dont E′ est le centre et dont le rayon est le côté E′Q du triangle rectangle QOE′. Le même plan coupera le cadran suivant une ligne RR′ qu'on nomme *équinoxiale*. (On enseignera plus loin à la déterminer.) RR′ rencontre, en général, la circonférence dont E′Q est le rayon en deux points S, S′ qui appartiennent aux arêtes du cône, situées dans le cadran. Les lignes horaires demandées sont donc les droites OS, OS′.

Ces constructions sont faciles à exécuter : rabattons le plan QR sur le cadran, en le faisant tourner autour de RR′ ; le centre E′ de la base du cône viendra en *e*, sur une perpendiculaire O*ex* abaissée sur RR′ ; la distance *e*R étant égale au côté RE′ du triangle rectangle RE′O, dans lequel OE′ est connu, et l'angle ROE′ est l'inclinaison du style sur le cadran. (Cette inclinaison sera aussi déterminée ci-après.) La circonférence décrite du point *e* avec le rayon QE′ coupe RR′ aux points S, S′ ; le centre du soleil est dans le plan du cadran, et commence à l'éclairer directement ou finit de l'éclairer aux heures où l'ombre du style coïncide avec OS ou OS′. Si la circonférence SS′ ne coupait point l'équinoxiale RR′, ce résultat indiquerait que le soleil ne peut pas se trouver dans le plan du cadran le jour donné.

Réciproquement, étant données les lignes horaires OS, OS′, il est bien facile de trouver le jour auquel elles se rapportent. Pour y parvenir, il suffit de chercher la valeur de Δ. On détermine cet angle, en faisant les opérations ci-dessus dans un ordre inverse.

C'est ainsi qu'on peut vérifier si le soleil se lève ou se

couche dans le plan AB (*fig.* 20 et 19), le 10 novembre
et le 1er février, ou le 10 août et le 3 mai, comme on l'a
déjà dit. On prolonge les lignes horaires extrêmes OP
jusqu'à l'équinoxiale RR'; on joint le point d'intersection *r*
avec *e*. Le cercle décrit du point *e* avec le rayon *er*
coupe RR' au point *r'*; la ligne O*r'* marque l'heure du
second passage du soleil dans le plan du cadran, les jours
où il doit y passer une première fois en A ou en B. On
construit le triangle Q'OE'; l'angle Q'OE' doit être le complément Δ de la déclinaison du soleil les jours ci-dessus.

Δ ne doit jamais être plus petit que 66°32' pour pouvoir
désigner le complément d'une déclinaison du soleil. Si l'on
trouvait $\Delta < 66°32'$, cela voudrait dire que le soleil ne
peut pas être dans le plan du cadran à l'heure marquée
par OP'. Par conséquent, il n'y aurait pas de jour dans
l'année où le soleil pût se lever ou se coucher dans le
plan AB.

On remarquera qu'au moyen de deux cadrans tracés sur
les deux faces d'un même plan, il serait possible de savoir
l'heure, chaque jour, depuis le lever du soleil jusqu'à son
coucher; le soleil, ne pouvant qu'être derrière ou devant
le plan, éclaire toujours un de ses côtés. Les heures que
le premier cadran n'indiquerait pas seraient nécessairement marquées par le second.

On peut exécuter ces cadrans supplémentaires sur les
façades parallèles d'un même bâtiment : le style et les
lignes horaires du cadran tournés vers le nord sont les pro-
longements du style et des lignes horaires du cadran tourné
vers le sud. Ainsi, après avoir fait l'épure de celui-ci, on
n'a plus qu'à prolonger les lignes au-dessus de PP' et couper la figure suivant PP'. La partie inférieure est, dans
nos climats, le cadran méridional, et la partie supérieure
le cadran septentrional. Tout y est renversé : la pointe du
style est tournée vers le ciel, au lieu de l'être vers la terre ;

la limite des lignes horaires , au lieu d'être la plus élevée, est la plus basse, etc.

Il y a des heures qu'il faut marquer sur les deux cadrans. Elles correspondent aux passages du soleil dans le plan qui les contient l'un et l'autre. On détermine aisément quelles sont ces heures.

Veut-on savoir si la ligne OS (*fig.* 20) doit être marquée sur les deux faces du plan AB, il faut chercher la valeur de Δ correspondante, comme on l'a expliqué pour OP'. Si la valeur de $\Delta < 66°32'$, jamais le soleil n'éclairera la face septentrionale à l'heure donnée; il serait inutile de l'y marquer.

Principe des courbes diurnes.

La direction de l'ombre d'un style sur un cadran est toujours la même à la même heure; mais sa longueur varie d'un jour à l'autre, suivant une loi qui dépend des positions successives que la Terre occupe sur l'écliptique.

Soient ♎♋ ♈ ♑ (*fig.* 6) l'écliptique, S le soleil, ♍ la terre, PP' son axe perpendiculaire à l'équateur EA. Le rayon vecteur S♍ fait avec l'axe PP' un angle S♍P qui est le complément de la déclinaison du soleil ou de l'angle formé par S♍ et par le plan EA. D'après les suppositions adoptées en gnomonique, l'angle S♍P ne change de valeur qu'à la fin de chaque révolution diurne; ou, ce qui revient au même, le centre ♍ de la terre est immobile pendant vingt-quatre heures. Cette droite peut donc être considérée, dans chacun des plans horaires, comme la génératrice d'un cône droit, qui a pour sommet le point ♍, PP' pour axe et S♍P pour angle au centre. La base du cône est le cercle dont la circonférence est le lieu des points de rencontre de chaque plan horaire et du centre du soleil, le jour où la terre est en ♍. On l'appelle le *cercle de déclinaison*.

Dans la réalité, la droite S$\eta\psi$ ne se meut pas autour de PP′; par conséquent elle ne peut engendrer un cône, mais on imagine qu'elle laisse son empreinte dans chacun des méridiens qui viennent successivement se coucher sur elle et la traverser. L'ensemble de toutes ces empreintes, de toutes ces traces de rayons de lumière, mobiles avec les plans qui les ont contenues, forme la surface conique dont il s'agit.

Si, au lieu de laisser le sommet $\eta\psi$ du cône au centre de la terre, on le déplace d'une quantité très-petite relativement à la distance S$\eta\psi$ de la terre au soleil; si on le porte, par exemple, en un point μ d'une droite S′t, située sur la surface terrestre et parallèle à PP′, l'angle SμS′ sera encore sensiblement égal à S$\eta\psi$P; car le premier ne diffère du second que de l'angle PS$\eta\psi$, ou de la parallaxe du soleil qui est nulle à midi, et qui ne dépasse jamais 9 secondes à l'horizon.

Le point μ, qui représente l'extrémité du style, décrit, pendant le mouvement diurne, un petit cercle dont le rayon est la perpendiculaire $\mu\alpha$ abaissée sur PP′. $\mu\alpha$ est environ vingt-trois mille fois plus petit que $\eta\psi$S. Le plus grand écartement que deux rayons de lumière partis du point S puissent avoir en arrivant à la circonférence $\mu\alpha$, est à peu près double de la parallaxe horizontale du soleil, et égale à 17 ou 18 secondes. Tel est l'angle infiniment petit sous lequel un spectateur placé en S verrait notre globe APEP′.

On est donc fondé à admettre que la terre peut être prise pour un point, toutes les fois qu'il s'agit de comparer ses dimensions avec sa distance au soleil, comme on le fait continuellement en gnomonique.

Une conséquence de cette hypothèse, c'est qu'il est permis de prendre pour centre de la terre celui des points de la surface, tel que μ, qui convient le mieux au but que l'on se propose.

Il suit encore de là que toutes les droites menées du point S aux différentes positions du point μ, en un jour, sont presque parallèles à leur arrivée. C'est pour cette raison qu'on suppose constant, pendant la durée d'une révolution diurne, l'angle $S\mu S'$ d'un rayon solaire et d'une parallèle à l'axe de la terre.

L'observation faite précédemment prouve, en outre, que cet angle est égal au complément de la déclinaison du soleil.

Ces principes établis, concevons que, lorsqu'un plan horaire rencontre le centre du soleil, le rayon de lumière qui passe par l'extrémité μ du style soit prolongé jusqu'à la surface du cadran. Le rayon $S\mu$ limitera l'ombre portée par le style sur la ligne horaire correspondante. Tous les points limites appartiendront à la section faite par le cadran dans un cône droit qui a le style $\mu S'$ pour axe, le point μ pour sommet et l'angle $S\mu S'$, complément de la déclinaison du soleil, pour angle au centre. Cette section est une *courbe diurne*. On voit que sa nature dépend de la forme de la surface qui coupe le cône. Lorsque celle-ci est plane, comme nous l'avons supposé, les courbes diurnes sont, ou des hyperboles, ou des ellipses, ou des paraboles. La position d'un cadran étant connue, il est facile d'en déduire le genre de chaque courbe, sans avoir besoin de la tracer.

Menons par le style OE un plan OER perpendiculaire au cadran et qui le coupe suivant OR. Par le point E, extrémité du style, imaginons un autre plan parallèle à l'équateur ou perpendiculaire à OE. La projection de ce second plan sur le premier OER sera une droite QER perpendiculaire à OE (*fig.* 8). Le plan EQ reste six mois entre le soleil et le pôle élevé, qui est sur le prolongement de EO. Pendant les six autres mois de l'année, le soleil et le point O sont du même côté du plan EQ. Dans nos climats, la déclinaison est *boréale*, lorsque l'astre paraît en β, du même côté que le pôle élevé; elle est *australe*, lorsque l'astre paraît en α du côté opposé.

La surface conique qui produit une courbe diurne est engendrée par la droite $E\beta$ ou $E\alpha$ tournant autour de OE. La base du cône est un cercle décrit du point T avec un rayon TT′ perpendiculaire à EO. Les deux génératrices contenues dans le plan OER sont les droites $E\beta$, $E\alpha$, qui font avec EQ un angle égal à la déclinaison du soleil.

Par le point E, menons un plan parallèle à celui du cadran, sa trace sur le plan OER sera une parallèle $E\omega$ à OR. Il est clair que,

Si $E\omega$ coupe le rayon TT′ de la base du cône entre T et T′, la courbe diurne est une hyperbole (*fig.* 8);

Si $E\omega$ ne rencontre pas TT′, la courbe diurne est une ellipse (*fig.* 8′);

Si $E\omega$ passe par l'extrémité T′ de TT′, la courbe diurne est une parabole (*fig.* 8″).

Donc la courbe diurne sera une hyperbole, ou une ellipse, ou une parabole, suivant que la déclinaison βEQ du soleil sera < ou > ou = le complément ωEQ de l'inclinaison ROE du style sur le cadran.

Il résulte de cette proposition que, pour pouvoir assigner le genre des courbes diurnes, il faut déterminer préalablement l'angle ROE = ωEO, qui est celui du style et du cadran.

Du point C, centre du cadran horizontal, abaissons deux perpendiculaires, l'une CU sur le plan vertical de projection, et l'autre CX (*) sur le plan incliné (AB, *acb*). Il est évident que l'angle des deux normales CU, CX est égal à celui des deux plans, ou à *acb* (*fig.* 19). Rabattons le plan UCX sur le plan horizontal, en le faisant tourner autour de CU. CX prendra, après le rabattement, une position CX′,

(*) Le point X n'est pas marqué sur la *fig.* 19.

telle que l'angle UCX′ = *acb*. Le triangle UCX′ sera rectangle en X′, et le point X′ représentera le rabattement
de la projection X (faite sur le plan incliné) du point C
du style; faisons tourner ce dernier plan autour de AB,
pour le rabattre sur le plan horizontal. UX′ ne changera
pas de longueur et viendra se placer sur la droite CU, perpendiculaire à la charnière AB; le point X deviendra le
point *x* éloigné de U de la quantité U*x* = UX′ = UX.
Donc la projection du style sur le cadran sera la droite O*x*.
On a donné à cette projection le nom de *sous-stylaire*.
L'angle de O*x* et de la droite qui passe par les deux centres O et C est l'inclinaison du style sur le plan (AB, *acb*).
Par conséquent, on connaîtra la valeur de cette inclinaison, en construisant le triangle rectangle O*x*C′ avec les
deux côtés O*x* et *x*C′ = CX′.

On peut vérifier la position de la sous-stylaire O*x*, en
cherchant directement la projection sur le cadran d'un
autre point du style, par exemple du point ε qui représente son extrémité.

La droite CO′ est le rabattement du style sur le plan
horizontal; prenons-y une distance O′ε égale à la longueur
que le style doit avoir. Par le point ε, abaissons une perpendiculaire εY sur la projection horizontale CM du style.
Y sera la projection horizontale de ε; sa projection verticale sera le point Y′ de la droite GU, qui est la projection
verticale du style (εY = *y*Y′). Concevons que, par le
point ε, on abaisse deux perpendiculaires, l'une au plan
vertical et l'autre au plan incliné. La trace verticale du plan
de ces deux perpendiculaires sera *y*Y′. Si on le rabat sur le
plan vertical, en le faisant tourner autour de *y*Y′, le point ε
décrira un petit arc de cercle horizontal *y*′Y. Après le rabattement, la trace *y*Y′ du plan des deux perpendiculaires
abaissées sur le plan incliné sera la droite *y*U′, telle que
U′*y*Y′ = *acb*. En abaissant du point *n* une perpendicu-

laire nU' sur yU' et portant la distance yU' sur yY', le point x' doit être la projection du point ε sur le plan incliné. La sous-stylaire doit donc passer par x'. L'angle x'On' du triangle rectangle x'On', dans lequel $x'n' = n$U', doit être égal à l'inclinaison du style sur le cadran.

C'est en opérant de cette manière que nous avons trouvé que le style faisait, avec le plan du cadran, un angle de $34°52'15''$. Le complément de $34°52'15''$ est de $55°7'45''$, quantité qui surpasse la déclinaison maximum du soleil égale à $23°28'$. Donc toutes les courbes diurnes devaient être des branches d'hyperboles.

La sous-stylaire est une ligne remarquable d'un cadran : le style porte ombre, suivant cette ligne, lorsque le plan horaire devient perpendiculaire au plan du cadran. Si l'on comptait les heures à partir de ce plan horaire, comme on les compte à partir du méridien, les lignes qui correspondraient à des heures du matin et du soir également éloignées du nouveau midi, formeraient évidemment des angles égaux avec la sous-stylaire. La figure d'un cadran incliné qui marquerait de telles heures serait aussi symétrique que celle d'un cadran horizontal ou d'un cadran sans déclinaison; la sous-stylaire coïncide toujours avec la méridienne sur ces cadrans, ce qui explique leur régularité.

La sous-stylaire est l'un des axes principaux de toutes les courbes diurnes; car le plan EOR (*fig.* 8), qui passe par cette droite et par le style, coupe chaque cône en deux parties égales et se trouve perpendiculaire au cadran. Tout ce qui est à droite du plan EOR, et sur le cône et sur le cadran, étant parfaitement symétrique avec ce qui est à gauche, la même symétrie doit exister dans les sections que le cadran fait sur le plan EOR et sur la surface conique. La connaissance de cette propriété motive les détails ci-dessus. On verra que la sous-stylaire est utile dans le tracé des courbes diurnes.

Tracé des courbes diurnes.

Chaque plan horaire passe par le sommet commun E des surfaces coniques et doit les couper suivant deux génératrices. Pour construire une courbe diurne, il faut chercher les points où chaque couple de génératrices rencontre la ligne horaire contenue dans le même plan.

Soit ON une ligne horaire quelconque. Rabattons le plan horaire CON sur le cadran, en le faisant tourner autour de ON (*fig.* 20). Le point C sera, après le rabattement, en un point *c* intersection de deux arcs de cercle décrits, l'un du point N avec le rayon NC, l'autre du point O avec le rayon OC', qui est égal à la distance du point C au point O. Le style rabattu deviendra donc la droite O*c*. Prenons sur O*c* une distance OE égale à la longueur qu'il faut donner au style, et par le point E, élevons une perpendiculaire QE sur EO; QR sera la trace de l'équateur sur le plan horaire CNO devenu *c*NO. Du point E décrivons un arc de cercle βQα pour mesurer les déclinaisons du soleil à partir de Q. Soit Qβ la déclinaison correspondante à la courbe diurne qu'on veut décrire. Les droites Eβ, Eα, également inclinées sur EQ, seront les rabattements des deux génératrices du cône qui produit la courbe, situées dans le plan horaire CNO. Par conséquent, les points Z et Z', où ces génératrices rencontrent la ligne horaire ON, appartiennent à l'ombre portée sur le cadran par l'extrémité E du style, le jour où la déclinaison du soleil est Qβ ou Qα.

En opérant de la même manière sur toute autre ligne horaire, on trouvera d'autres points Z, Z'. Il suffira donc de joindre, par une même ligne, les points Z et Z' de même génération, pour avoir la courbe demandée.

Cette construction donne lieu à deux branches de courbes composées, l'une des points Z, et l'autre des points Z'. Il est évident que ces deux branches sont sur la même section conique; mais elles forment deux courbes diurnes bien distinctes : car, lorsque la déclinaison est boréale et égale Qβ, l'extrémité du style ne peut pas porter ombre en Z. De même, lorsque le soleil est en α dans l'hémisphère austral, il ne peut pas porter ombre en Z'.

Les deux branches ZZZ,..., Z'Z'Z',... d'une même section conique se rapprochent de plus en plus, à mesure que la déclinaison Qβ ou Qα du soleil diminue. Lorsque la déclinaison est nulle, l'équateur passe par le soleil pendant toute la révolution diurne. La surface conique se transforme en un plan EQ. L'ombre du point E est en R, intersection du plan EQ et de la ligne horaire ON. La courbe diurne, lieu des points Z ou Z', dégénère en une ligne droite qu'on nomme *équinoxiale*.

Pour tracer l'équinoxiale, on peut rabattre le style CO autour de trois ou quatre lignes horaires ON, et voir si les points R qui se déduisent de ces rabattements sont sur une même ligne droite. Il est convenable de tracer cette ligne diurne la première; lorsqu'on l'a bien déterminée, la description des autres courbes peut se faire plus simplement qu'on ne l'a dit plus haut.

Les triangles rectangles OER (*fig.* 21′) ont un côté commun OE. Si l'on fait tourner leurs plans autour de OE jusqu'à ce qu'ils se réduisent à un seul, au méridien par exemple, les points RR′ de l'équinoxiale ne sortiront pas de l'équateur EQ, parce qu'il est perpendiculaire à la charnière OE. En faisant ensuite tourner le méridien COM autour de OM, pour le rabattre en c′OM sur le cadran, les points R, R′,... se placeront sur la perpendiculaire EQ au rabattement du style, et à des distances du point O respectivement égales à Or = OR, Or′ = OR′,.... Les triangles OEr, OEr′,... représentent les rabattements des triangles OER, OER′,.... Si l'on mène par le point E la génératrice Eβ ou Eα correspondante à chaque courbe, les points z, z',... où ces génératrices couperont les lignes Or,Or',... n'appartiendront pas aux courbes diurnes, mais les points correspondants Z, Z',... de ces courbes seront sur les lignes horaires OR,OR' autour desquelles s'est fait le rabattement, et à des distances de O égales à Oz, Oz',.... On aura donc les points Z,Z' en décrivant les arcs zZ, z'Z',..., du point O.

Toutes ces opérations s'exécutent très-rapidement, en se servant d'une règle mobile, autour du point O. Après avoir marqué une distance OR sur la règle, on la fait tourner autour de O, jusqu'à ce que le point R se trouve sur la perpendiculaire EQ. On marque les points Z, Z',... où la règle est rencontrée par les différentes génératrices βE,αE,..., on ramène la règle sur la ligne horaire OR; les points Z,Z',... que marquent sur cette ligne les différents points z,z',... appartiennent aux différentes courbes. On obtient ainsi, à la fois, les points où une même ligne horaire rencontre toutes ces courbes; ce qui rend leur tracé d'autant plus court qu'elles ne sont pas ordinairement fort étendues, les points Z, Z',... se trouvant bientôt hors des limites du cadran (*).

Remarquons, en passant, que la méthode qu'on vient d'exposer pour décrire les courbes diurnes est indépendante de leur nature, et qu'on peut en déduire un même procédé pour tracer par points les trois sections coniques; mais l'exactitude de ce procédé dépend principalement de la position de l'équinoxiale. Il importe donc de la bien déterminer, et c'est ce que l'on peut faire de plusieurs manières :

1°. L'équinoxiale doit être perpendiculaire à la sous-stylaire; car l'équateur étant perpendiculaire au style, la

---

(*) On retrouve ici une construction graphique analogue à celle que les anciens gnomonistes appelaient le *Trigone des signes*.

trace de l'équateur sur un plan quelconque est perpendiculaire à la projection du style sur le même plan.

2°. L'équinoxiale de tout cadran non horizontal doit passer par le point p, où l'équinoxiale pp' du cadran horizontal coupe AB (*fig.* 19). On détermine pp' en menant par le point ε, pris sur O'C, rabattement du style sur le plan horizontal, une perpendiculaire $\varepsilon p'$ à O'C. Le point p' est celui où l'équateur rencontre la méridienne CM. Le plan horizontal et l'équateur étant perpendiculaires au méridien, l'intersection pp' des deux premiers plans doit être perpendiculaire au troisième, et par conséquent à CM. Ainsi le point p est sur une perpendiculaire à CM élevée en p'.

3°. L'équinoxiale doit couper la ligne de six heures OVI au point 3 où elle est coupée par la droite hh', intersection du cadran et du plan horizontal mené par l'extrémité ε du style. En effet, il est évident que hh' est le lieu des ombres portées par le point ε sur le cadran, lorsque le soleil est dans l'horizon qui passe par ce point, c'est-à-dire toutes les fois qu'il se lève ou qu'il se couche. Or aux équinoxes, où l'ombre du point ε ne doit pas sortir de la droite pRR', le lever et le coucher du soleil arrivent à six heures précises, puisque le jour est de douze heures comme la nuit. Donc les trois lignes hh', OVI, pRR' doivent concourir au même point 3.

L'intersection hh' du cadran et du plan horizontal qui passe par ε est facile à trouver. On mène par le point ε une parallèle $\varepsilon\varepsilon'$ à CM, on porte ε'M sur OM de M en h, et, par le point h, on tire une parallèle à AB. Cette horizontale doit passer par le point 3.

On trace ordinairement la ligne hh' sur les cadrans, parce qu'elle coupe les courbes diurnes aux points où l'ombre de l'extrémité du style doit se projeter au lever et au coucher du soleil ; elle sert par conséquent à indiquer ces deux heures du jour. On saurait, par exemple, que le soleil se lève et se couche à six heures le jour des équinoxes, quand bien même ce résultat ne serait pas prévu; car en joignant O avec le point 3, intersection de l'équinoxiale et de hh', on trouverait que la droite O3 coïncide avec celle de six heures. Mais il est bon de prévenir que les indications d'un cadran, relatives au lever et au coucher du soleil, n'ont pas la même exactitude que celles relatives à d'autres heures : les rayons solaires éprouvent de fortes réfractions près de l'horizon; les autres causes d'erreur sont aussi plus grandes, lorsque le soleil est loin du méridien.

Il est inutile de prolonger les courbes diurnes au-dessus de hh', puisque l'ombre de l'extrémité du style ne s'élève jamais au-dessus de l'horizon passant par le point ε. L'horizontale hh' ne rencontre pas même toutes les courbes diurnes qui sont, en général, les unes concaves, les autres convexes, par rapport à hh'.

Lorsque ce résultat se présente, il signifie que, pendant les jours correspondants aux courbes non coupées, le cadran ne peut pas marquer l'heure du lever et du coucher du soleil, parce qu'alors l'astre se trouve derrière le cadran et n'y porte aucune ombre, quoiqu'il puisse être levé au-dessus de l'horizon.

S'il y a deux points d'intersection pour une seule courbe, le cadran est éclairé, le jour qui correspond à cette courbe, et au lever et au coucher du soleil.

Lorsqu'on a déterminé la sous-stylaire Ox (*fig.* 22), on peut décrire les courbes diurnes d'un mouvement continu. On cherche les deux points ZZ′ de chaque courbe, situés sur la sous-stylaire Ox, considérée comme une ligne horaire. D'après ce qui a déjà été démontré, la distance ZZ′ est un des axes principaux de la courbe, et par conséquent le milieu Q′ de ZZ′ en est le centre. A l'aide de quelques autres points trouvés directement, on décrit ensuite la section conique par les méthodes connues.

Si les courbes diurnes sont des hyperboles, on trouve

leurs asymptotes en concevant par l'extrémité du style un plan parallèle à celui du cadran. Ce plan coupe le cône suivant deux génératrices qui rencontrent le cadran à l'infini. Les plans tangents au cône menés par ces génératrices coupent le cadran suivant les asymptotes; car les droites d'intersection sont les tangentes aux courbes diurnes, qui ont leur point de contact à l'infini.

Prenons (*fig.* 22) le plan du cadran pour plan horizontal de projection, et le plan OxE, qui passe par le style et par la sous-stylaire, pour plan vertical. Soit $TT't$ la projection verticale de la base du cône. Les deux génératrices contenues dans le plan mené par le sommet E, parallèlement au cadran, auront pour projection verticale la droite $E\omega$ parallèle à la sous-stylaire Ox, qui est ici la ligne de terre. Les deux points d'intersection des deux génératrices avec la base du cône auront pour projection le point τ. Rabattons le plan de cette base Tt sur le cadran en le faisant tourner autour de sa trace horizontale tt' parallèle à l'équinoxiale ρR. Le centre T de la base viendra en θ, à la distance $t\theta = tT$. Décrivons du point θ avec le rayon TT', terminé à la génératrice βE, une circonférence, et portons la distance $T\tau$ de θ en θ'. La corde $\delta\theta'\delta'$, perpendiculaire à Ox, sera le rabattement de celle qui passe par les deux points dont τ est la projection verticale. Menant les tangentes $\delta\Delta$, $\delta'\Delta'$, elles couperont la trace tt' du plan de la base en deux points $\Delta\Delta'$ qui sont sur les asymptotes. Ces lignes, devant passer par le centre Q' de la courbe diurne, ne pourront être que les droites $Q'\Delta$, $Q'\Delta'$.

On cherche d'abord la position de la méridienne OM (*fig.* 20) et celle de l'équinoxiale ρR, comme on l'a expliqué; puis l'on rabat le style en $OE'C'$, autour de la sous-stylaire Ox. La droite $E'R$, perpendiculaire à OC', représente le rabattement de l'équateur qui passe par l'extrémité E′ du style. On porte la distance RE′ de R en *e*, et du point *e*, on décrit une circonférence avec un rayon quelconque *e*S.

Il est évident que la droite *e*K est le rabattement de la trace du méridien sur l'équateur. En divisant la circonférence SS′ de 15 en 15 degrés, à partir du point K′ situé sur *e*K, les rayons *e*π, menés aux points de division, doivent passer par les points R′, où les lignes horaires ON′ rencontrent l'équinoxiale ρR. Cette construction peut donc servir à trouver les lignes ON′ aussi facilement que le fait l'emploi de l'horizontale AB. Mais les formules qui dérivent de la première méthode sont un peu plus simples que celles qu'on déduit de la seconde. C'est pour cette seule raison qu'on n'a pas employé celle-ci. On se sert avec avantage de l'une et de l'autre, en même temps, lorsque le style rencontre le cadran à une trop grande distance ; ce qui arrive toutes les fois que la déclinaison du plan approche de 90 degrés. Dans ce cas, le point du concours O de toutes les lignes horaires serait douteux, et il convient de déterminer deux autres points de chaque ligne horaire, pour être plus certain de leur direction. On peut chercher les points situés sur deux horizontales AB, ou sur deux équinoxiales ρR, ou sur une horizontale et sur une équinoxiale.

Lorsque les courbes diurnes sont tracées, on écrit à leurs extrémités les noms des deux jours auxquels chaque courbe se rapporte. Pour achever l'épure du cadran, il ne reste plus ensuite qu'à déterminer la méridienne du temps moyen.

Principe et tracé de la méridienne du temps moyen.

On a fait connaître précédemment la nature et l'usage de la méridienne du temps moyen. Elle est le lieu des ombres portées sur le cadran par l'extrémité du style aux heures solaires où une montre parfaitement juste et d'abord réglée sur le soleil indiquerait midi moyen.

Les méthodes déjà exposées suffisent pour la description de cette courbe : tous ses points doivent être situés sur des lignes horaires qu'on sait déterminer, puisque l'intervalle entre l'heure de la ligne et le midi vrai est égal à l'équation du temps indiquée par l'*Annuaire*. Un point quelconque doit aussi se trouver sur la courbe décrite par l'extrémité du style, le jour pour lequel on a pris l'équation. Par conséquent, ce point est l'intersection d'une ligne horaire et d'une courbe diurne connues. Sa détermination ne doit exiger que l'emploi simultané des procédés géométriques qui ont servi à tracer ces lignes séparément.

Supposons qu'on veuille trouver le point de la méridienne du temps moyen pour le 11 février. Le temps moyen au midi vrai est alors de $0^h 14^m 36^s$; l'équation $= + 14^m 36^s$; c'est-à-dire que l'heure solaire correspondante à ce temps moyen est le midi vrai $+ 14^m 36^s$.

A partir du point K', où le rabattement eK de la méridienne équatoriale rencontre la circonférence SK'πS', mesurons un arc de $14^m 36^s$. Soit πK' cet arc, situé à l'est de la méridienne eK, du côté des lignes horaires du soir. Le rayon πe (*fig.* 20) coupe l'équinoxiale ρR en un point R' appartenant à la ligne du cadran incliné qui marque l'heure de midi plus $14^m 36^s$. Cette ligne horaire est par conséquent la droite OR'N'.

Le 11 février, la déclinaison du soleil est australe et de $14^\circ 21'$. Mesurons ce nombre de degrés sur l'arc Qα de Q en α' (*fig.* 21'); α'E sera la génératrice du cône qui produit sur le cadran la courbe du 11 février. Au moyen de cette droite et par le procédé ordinaire, décrivons le petit arc diurne BγB'; le point γ où il coupera la ligne ON' sera évidemment le point demandé de la courbe du temps moyen à midi vrai.

4.

Des opérations semblables aux précédentes, répétées de 5 en 5 ou de 10 en 10 jours, feront connaître la forme de cette courbe avec une approximation suffisante.

Au lieu de déterminer rigoureusement les lignes horaires ON′ (*fig.* 5), on peut se contenter de décrire du centre O du cadran un petit arc de cercle GPH. On le divise en parties égales très-rapprochées, de 2 minutes chacune par exemple. Les divisions servent ensuite à mesurer directement les équations du temps. Ainsi, par une équation égale à $+ 3′25$, on fait l'arc Pν égale à une division $\frac{1}{2}$ à peu près, et l'on prend la ligne Oν pour celle du temps moyen, le jour où l'équation est de $3′,25$. Il est clair qu'opérer ainsi c'est regarder les arcs de 2 minutes décrits par l'ombre du style près de midi comme répondant à des angles horaires ou à des temps égaux entre eux; ce qui n'est pas tout à fait exact. Mais l'erreur est insensible pour les points γ de la courbe du temps moyen peu éloignés de la méridienne OM. Or, les limites de l'équation étant de 16 minutes environ, la distance Zγ n'est jamais grande.

C'est parce que ces limites sont si resserrées qu'il est possible d'évaluer les plus petites équations sur un cadran. Une courbe du temps moyen, décrite autour d'une ligne horaire autre que OM, n'aurait pas la même exactitude, parce que, loin de midi, la direction des lignes horaires est moins certaine.

Quoique la méthode qu'on a exposée pour tracer les courbes diurnes soit assez courte, lorsqu'on emploie une règle mobile autour du point O pour porter les distances et décrire les arcs dont on a besoin, on peut encore l'abréger en décrivant la courbe du temps moyen.

Après avoir trouvé la ligne horaire Oν du midi moyen, on cherche le point Z où l'ombre se termine à midi solaire, le jour donné. On obtient ce point Z en prolongeant la génératrice E$z′$ jusqu'à la méridienne OM. Par le point B (*fig.* 21'), on élève une perpendiculaire sur OM, et l'on prend le point γ pour celui de la courbe du temps moyen, qui doit se trouver sur Oυ. Cette méthode d'approximation est fondée sur ce que, près de midi, la courbure de l'arc formé par l'extrémité des ombres du style est si faible que l'arc se confond sensiblement avec une portion de ligne droite qui lui serait tangente au point B.

Quel que soit le moyen employé pour décrire la courbe du temps moyen, il faut qu'elle coupe la méridienne OM (*fig.* 5) en quatre points, qui correspondent aux quatre jours de l'année où l'équation est nulle. La courbe doit, en outre, être fermée et rentrante sur elle-même, puisque l'équation repasse par les mêmes valeurs après chaque révolution de la terre sur l'écliptique. Ces valeurs positives ou négatives, suivant que le midi moyen avance ou retarde sur le midi vrai, font serpenter la courbe autour de OM et lui donnent à peu près la forme du chiffre 8. Mais elle n'est pas symétrique par rapport à OM, parce que les époques auxquelles l'équation devient nulle sont inégalement éloignées les unes des autres.

D'après l'*Annuaire du Bureau des Longitudes* (1821), le midi moyen coïncide avec le midi vrai le 15 avril, le 15 juin, le 1er septembre et le 24 décembre. Depuis le 24 décembre jusqu'au 15 février, l'équation est positive et augmente; les points de la courbe du midi moyen sont sur l'arc *ab* entre 11 heures et midi vrai. L'équation décroît jusqu'au 15 avril, en produisant *bc*. Après cette époque, elle change de signe; les points de la courbe sont alors à droite de la méridienne vraie et sur la branche *cde*. Le point maximum *d* correspond au 15 mai.

L'équation décroît jusqu'au 15 juin, qui arrive en *e*; elle augmente positivement jusqu'au 25 juillet, redevient nulle le 1er septembre; l'arc *efg* se rapporte à ces valeurs de l'équation.

Enfin l'équation augmente négativement jusqu'au 3 novembre, qui arrive au point *h*. Depuis le 3 novembre jusqu'au 24 décembre, elle diminue de nouveau en produisant la partie *ha* de la courbe; elle repasse ensuite par les valeurs qu'elle a déjà eues : car l'équation ne change d'une année à l'autre que d'un très-petit nombre de secondes et peut être supposée constante.

En suivant de cette manière une courbe du temps moyen, il est bien facile de voir quels sont les arcs qui correspondent à un mois donné. On écrit le nom du mois sur l'arc lui-même ou à l'extrémité (tournée du même côté que l'arc) d'une des courbes diurnes correspondantes. L'épure du cadran est alors finie. Il ne reste plus qu'à la rapporter sur le mur et à poser le style.

Avant d'achever l'explication des méthodes que la géométrie descriptive fournit pour déterminer les différentes parties d'un cadran solaire, nous ferons remarquer que ces méthodes générales se simplifient lorsqu'on particularise la position du plan.

On conçoit, par exemple, que si la face du cadran est parallèle à l'équateur, auquel cas elle ne peut servir que pendant six mois de l'année, pour avoir les lignes horaires, il suffit de diviser, en parties de 15 degrés (*fig.* 23) chacune, la circonférence d'un cercle décrit du pied du style comme centre, et de mener des rayons aux points de division. Les courbes diurnes d'un pareil cadran sont des circonférences de cercle qui ont toutes le même centre que la précédente, et pour rayon la cotangente de la déclinaison du soleil, la longueur du style étant représentée par 1.

Si le plan du cadran est horizontal la méridienne et la verticale se confondent avec la sous-stylaire, les constructions relatives à la détermination du centre O, de la sous-stylaire O*x* (*fig.* 24), de l'horizontale *hh'*... sont inutiles. On n'a besoin que de celles qui font connaître la direction des lignes horaires C*m'*. Les points **Z**, **Z'** des courbes diurnes s'obtiennent ensuite, comme à l'ordinaire, en rabattant les plans horaires autour des droites C*m'* et en formant le trigone des signes.

Si le plan du cadran est vertical avec déclinaison, la méridienne OM est verticale. Le triangle CMO est rectangle en M (*fig.* 27). La sous-stylaire est la droite OU....

Lorsque le cadran vertical est sans déclinaison, ou perpendiculaire au méridien, la sous-stylaire, la verticale et la méridienne OM (*fig.* 25) coïncident. Les lignes horaires, également éloignées de midi, font des angles égaux avec OM, comme sur le cadran horizontal. L'équinoxiale est perpendiculaire à la méridienne et la coupe au même point que l'équinoxiale du cadran vertical déclinant. L'angle du style et du cadran est égal au complément de la latitude.

Enfin, si le cadran vertical est parallèle au méridien, les lignes horaires deviennent parallèles à la sous-stylaire, qui est alors la ligne de 6 heures (*fig.* 26). Le cadran n'a point de centre. Le style, lui étant parallèle, n'y projette aucune ombre à midi, alors le soleil est dans le plan du cadran. Un pareil cadran ne peut jamais servir que pendant la moitié du jour. Il indique les heures avant midi, si la face est tournée vers l'est, et les heures après midi, si elle est tournée vers l'ouest. Les courbes diurnes sont toujours des branches d'hyperbole qui ont pour axes principaux l'équinoxiale et la sous-stylaire.

Il serait inutile de traiter avec plus de détail chacun de ces cas particuliers. La solution qu'on a développée précédemment les comprend tous. Les modifications qu'il faut lui faire subir se présentant d'elles-mêmes, on s'est contenté de les indiquer dans les *fig.* 23, 24, 25, 26 et 27.

On ne fait plus guère que des cadrans horizontaux ou verticaux, mais déclinants, parce qu'il est rare de trouver un mur exactement tourné au nord ou à l'orient; mais il est rare aussi que les murs n'aient pas une légère inclinaison. Le plus souvent on la néglige.

Tracé sur un mur des lignes d'un cadran. Pose du style.

Il existe plusieurs moyens de rapporter sur un mur les lignes d'un cadran et d'y poser le style. Voici quels sont les procédés suivis pour tracer sur un plan incliné le cadran représenté dans la *fig.* 28.

L'épure de ce cadran avait été dessinée sur une échelle au quart, grandeur suffisante pour l'exactitude des constructions. Le mur sur lequel il fallait la rapporter était un trumeau de fenêtre qui avait $2^m,50$ de largeur et $3^m,50$ de hauteur environ. Sa surface avait été rendue aussi plane que possible, tant pour la facilité du tracé que pour que le style projetât une ombre bien nette, sans ondulations, et qui pût indiquer l'heure sans incertitude.

On s'est d'abord donné la position O du centre du cadran à la partie supérieure du trumeau et dans le milieu de sa largeur. On a tracé ensuite, au moyen d'un niveau à bulle d'air et d'un fil-à-plomb, une horizontale POP' (*fig.* 12) et trois perpendiculaires à cette horizontale : l'une OH' passait par O, et les deux autres par les points a et b éloignés de O des quantités $aO = 1^m,014968$ et $bO = 1^m,498519$. Les parallèles aA, bB représentaient deux axes qui ont servi à déterminer un troisième point n des lignes horaires qui rencontrent l'horizontale AB hors du cadran. On a trouvé $1°$ le point H par lequel devait passer l'horizontale AB, en mesurant la distance OH sur OH'; $2°$ le point M de la méridienne, en mesurant sur AB, à partir de A ou de B, les distances AM = AO + HM, ou MB = HB — HM. Le point M obtenu et les deux axes aA, bB tracés, on a porté sur AB les distances MN, et sur Aa ou Bb les distances

An ou Bn. En joignant les points N ou n avec le centre O du cadran, on a eu toutes les lignes horaires.

Pour tracer l'équinoxiale ρR′RR′, on a pris sur l'épure les hauteurs AR′, BR′, MR ; elles ont été rapportées sur les lignes correspondantes du mur, et leurs extrémités R′RR′ ont produit l'équinoxiale.

Les courbes diurnes ont été tracées par points, en mesurant sur les lignes horaires, à partir de l'équinoxiale, les distances comprises entre cette droite et chaque courbe.

Pour décrire la méridienne du temps moyen, on a mené, entre ses points extrêmes a, e, plusieurs horizontales éloignées l'une de l'autre de 0^m,1. Il a suffi ensuite d'évaluer sur l'épure et de rapporter sur le mur les distances à la méridienne OM des points γ, où les horizontales coupaient la courbe du temps moyen.

Le tracé fini, on a posé le style.

Ce style est une barre de fer qui a 0^m,012 de largeur et 0^m,03 de hauteur. Il a la forme d'un couteau dont le tranchant est destiné à porter l'ombre qui indique l'heure. On lui a donné cette forme (*fig.* 28) de préférence à toute autre, pour que ce soit toujours la même arête qui produise les lignes horaires avant et après midi ; cette arête est la ligne la plus élevée du style lorsqu'on regarde l'ombre projetée par le style entier ; c'est la limite de cette ombre, la plus éloignée de la méridienne, qui marque les heures.

Le style est terminé par une plaque en tôle, dont le plan est dans le prolongement du tranchant du couteau ; ce qui la rend perpendiculaire à l'équateur. Cette plaque est un cercle dont le diamètre est de 0^m,12 ; elle est percée d'un trou qui a 0^m,005 de rayon. Le centre de ce trou circulaire est l'extrémité du style, éloignée de 1^m,30 du centre O du cadran. En donnant une pareille forme à l'extrémité du style, le centre de l'image du soleil, projetée sur le cadran, se trouve sur le prolongement du rayon lumineux qui passe par le centre de la plaque et par le centre du soleil ; au lieu que, lorsqu'on termine le style par une pointe, l'extrémité de l'ombre est sur le rayon lumineux qui passe par l'extrémité du style et par un point du disque solaire. Il suit de cette remarque que l'emploi d'une plaque rend un peu plus exactes les indications de l'ombre portée par l'extrémité du style, puisqu'il les rend indépendantes des variations qu'éprouve le diamètre apparent du soleil. D'ailleurs, l'ombre d'une pointe est ordinairement mal terminée, à cause de la pénombre qui l'accompagne ; on distingue beaucoup mieux un point éclairé au milieu d'une surface noire.

Le style EO (*fig.* 18 et 28) est soutenu par deux barres de fer AB, DG, assemblées à angle droit sur ses côtés et scellées dans la maçonnerie, l'une en A sur la méridienne, et l'autre en G sur la ligne de quatre heures. On s'est donné les distances OB $= 0^m,5$, OD $= 0^m,9$. La résolution des triangles rectangles ABO et ODG a fait connaître les longueurs des barres AB, DG et les distances OA, OG du centre du cadran aux points où elles devaient entrer dans le mur.

On a pratiqué une ouverture aux points O, A, G, afin de pouvoir y engager le style avec ses deux soutiens. Les distances de l'extrémité E à trois points marqués sur le cadran ayant été évaluées bien exactement, on a pris trois baguettes égales à ces distances ; on les assemblait par une de leurs extrémités dans le trou de la plaque, et l'on faisait reposer l'autre extrémité sur le point correspondant du mur. Après quelques tâtonnements, on est parvenu à faire coïncider le sommet de la pyramide formée par les trois baguettes avec le centre E de la plaque, l'arête supérieure du style passant d'ailleurs par le point O. On a été certain alors que cette arête était parallèle à l'axe de la terre, et qu'elle avait la longueur de $1^m,30$, qu'on lui avait supposée dans l'épure.

SECONDE PARTIE.

DÉMONSTRATION DES FORMULES NÉCESSAIRES POUR LE CALCUL
D'UN CADRAN INCLINÉ.

Soient L la latitude du lieu où le cadran doit être placé,
c'est-à-dire l'angle que la partie du style dirigée vers le
pôle élevé doit faire avec la partie de l'horizon tournée du
même côté;

I le complément de l'inclinaison du plan du cadran sur
le même horizon, compté depuis o jusqu'à 90 degrés, de
manière que l'angle I soit nul pour un plan vertical et
droit pour un plan horizontal; I sera, en outre, positif
ou négatif, suivant que le cadran se trouvera derrière ou
devant le plan vertical AB (*fig.* 19);

D la déclinaison du plan du cadran, comptée de l'est
au sud, et depuis o jusqu'à 360 degrés ;

β la distance arbitraire CM
r la longueur Oε du style $\Big\}$ exprimées en mètres ;

$\pm \delta$ la déclinaison du soleil : + lorsqu'elle est australe,
— lorsqu'elle est boréale.

Ces notions établies, il faut, 1° que toutes les formules
soient exprimées en fonction de quelques-unes des six quantités ci-dessus, ou d'autres quantités qui en dépendent
immédiatement; 2° qu'elles aient une forme assez simple
pour être facilement calculables par logarithmes. Cette
dernière condition, presque aussi nécessaire que la première, est souvent la plus difficile à remplir.

On suivra, autant que possible, dans ces recherches.

l'ordre adopté pour l'exposition des méthodes graphiques. On commencera par s'occuper des lignes horaires, en déterminant d'abord la méridienne et le centre du cadran, puis les distances et les angles qui servent à tracer les autres lignes.

Formules relatives aux lignes horaires.

Pour pouvoir fixer la position du centre O et de la méridienne OM, il suffit de calculer l'angle AMO et la distance OM. L'évaluation des distances MN, ou des angles MON, fait connaître ensuite la direction des lignes horaires.

Angle de la méridienne et de l'horizontale.

Les triangles rectangles OHM, FHM (*fig.* 19) fournissent les égalités

$$HM = OM \cos OMH, \quad HM = FM \sin D, \quad \cos OMH = \frac{FM}{OM} \sin D$$

La seule inconnue qui entre dans l'expression du cosinus OMH est le rapport $\frac{FM}{OM}$. On trouve la valeur de ce rapport, en comparant les triangles O'FM, EMD'. Ils sont rectangles et semblables ; nous aurons

$$O'M = FM \sqrt{1 + \frac{\overline{O'F}^2}{\overline{FM}^2}}, \qquad \frac{ED'}{MD'} = \frac{O'F}{FM},$$

$$OM \text{ ou } O'M = FM \sqrt{1 + \frac{\overline{ED'}^2}{\overline{MD'}^2}}.$$

On sait d'ailleurs que, par construction, $ED' = a'D = bc$ et que, dans les triangles MD'a', abc, on a

$$MD' = \frac{D'a'}{\cos D}, \qquad D'a' = ab = bc \cdot \tang I ;$$

par conséquent,

$$MD' = bc\,\frac{\tang I}{\cos D}, \qquad \frac{ED'}{MD'} = \cos D \cot I = \frac{O'F}{FM}.$$

On déduit des dernières expressions, substituées dans celles de OM et de cos OMH,

$$(1)\quad OM = FM\sqrt{1 + \cos^2 D \cot^2 I}, \quad \cos OMH = \frac{\sin D}{\sqrt{1 + \cot^2 D \cot^2 I}}.$$

L'équation (1) pourrait servir à calculer l'angle OMH, puisqu'elle ne contient que des quantités connues. Mais la cotangente du même angle se présente sous une forme un peu plus simple. Il est évident que sa valeur est

$$(2)\qquad\qquad \cot OMH = \sin I\,\tang D.$$

Longueur de la portion de méridienne comprise entre le centre du cadran et l'horizontale AB.

On vient de trouver

$$OM = FM\sqrt{1 + \cos^2 D \cot^2 I}.$$

Le triangle rectangle O'FC (*fig.* 19) donne

$$O'F = CF\,\tang O'CF = (CM + MF)\,\tang L.$$

Il faudrait écrire CM — MF, si le cadran était en avant du plan vertical AB, ce qui reviendrait à faire L négatif.

On déduit de la dernière égalité

$$\frac{O'F}{FM} = \left(\frac{CM}{FM} + 1\right)\tang L,$$

$$\cos D \cot I = \left(\frac{\beta}{FM} + 1\right)\tang L, \qquad FM = \frac{\beta}{\cos D \cot I \cot L - 1}.$$

En substituant la valeur de FM dans celle de OM, il

vient

$$(3) \qquad OM = \frac{\beta\sqrt{1 + \cos^2 D \cot^2 I}}{\cos D \cot I \cot L - 1}.$$

Afin de pouvoir calculer la distance OM, décomposons en facteurs les deux termes de la fraction qui la représente. On y parvient en employant un angle auxiliaire θ, déterminé par l'équation

$$(\theta) \qquad \cot\theta = \cos D \cot I.$$

Cette équation donne à la valeur de OM la forme suivante :

$$(4) \qquad OM = \frac{\beta\sqrt{1 + \cot^2\theta}}{\cot\theta \cot L - 1} = \frac{\beta \sin L}{\cos(L + \theta)}.$$

L'angle θ sera fort utile dans tout ce qui suit. C'est en l'introduisant dans les formules que l'on est parvenu à les simplifier. Il est aisé de voir que θ est égal à l'inclinaison MED' de la méridienne OM et de la verticale élevée en M (*fig.* 19). Cette égalité résulte de l'équation déjà trouvée

$$\frac{MD'}{bc} = \frac{1}{\cos D \cot I} = \frac{MD'}{ED'} = \tan MED' = \tan\theta.$$

Distance (mesurée sur l'horizontale AB) *d'une ligne horaire quelconque au point M de la méridienne.*

La distance inconnue MN appartient au triangle CMN. Les sinus des angles étant proportionnels aux côtés opposés, on a

$$MN = CM\frac{\sin MCN}{\sin CNM} = \beta\frac{\sin MCN}{\sin CNM}.$$

On déduit aussi des triangles rectangles CIm', IJm

et CIK″ :

$$\tan IC m' = \frac{I m'}{CI}, \qquad I m' = IJ \, \tan(n.15^\circ),$$

$$IC = \frac{IK''}{\sin L}. \quad \left\{ \begin{array}{l} n \text{ est le numéro de l'heure qui correspond} \\ \text{à la ligne CN.} \end{array} \right.$$

Substituons les valeurs de Im' et de IC dans celle de $\tan IC m'$ et représentons, pour abréger, l'angle $IC m'$ par H; il viendra

(5) $$\tan H = \sin L \, \tan(n.15^\circ).$$

Cette relation très-simple entre la latitude et les angles horaires H et $n.15$ degrés du cadran horizontal et du cadran équatorial, peut faire connaître tous les angles H = MCN. Il suffit de mettre à la place de $n.15$ degrés les différentes valeurs 15, 30, 45,..., degrés, relatives aux heures que le cadran à construire doit indiquer.

Les angles $n.15$ degrés seront mesurés à partir du méridien supérieur et depuis o jusqu'à 180 degrés. Ils auront le signe + après midi et le signe — avant midi. Les angles H changeront de signe en même temps que les premières valeurs de $n.15$ degrés et auront les mêmes limites. Ainsi, les valeurs de H, correspondant à 9 heures du matin et à 3 après-midi, seront déterminées, la première valeur par l'équation

$$\tan H = \sin L \, \tan(-3.15^\circ),$$

et la seconde valeur par l'équation

$$\tan H = \sin L \, \tan(+3.15^\circ).$$

L'une des valeurs de H sera négative et l'autre positive. La ligne de 3 heures du soir devra donc être à droite de la méridienne, si la ligne de 9 heures du matin est à gauche ou réciproquement. Dans la *fig.* 19, on a supposé la face du cadran tournée vers le sud. Les lignes du soir sont à droite de la méridienne OM ou vers l'est ; les lignes du matin sont à gauche de OM, vers l'ouest.

Lorsque les angles H sont déterminés, les angles MNC qui leur correspondent s'en déduisent très-facilement. En effet, le triangle CNM donne

$$MNC = 180^\circ - (H + 180^\circ - D)$$

pour les lignes CN dirigées vers B ou après midi ;

$$MNC = 180^\circ - (H + 90^\circ + D)$$

pour les lignes CN dirigées vers A ou avant midi.

La substitution des angles précédents dans la valeur de MN, distance que l'on représentera, en général, par X, conduit à l'une ou à l'autre des formules suivantes :

$$(6) \qquad X = \beta \, \frac{\sin H}{\cos(H - D)}, \text{ après midi ;}$$

$$(7) \qquad X = -\beta \, \frac{\sin H}{\cos(H + D)}, \text{ avant midi.}$$

Il est évident que les angles H sont les mêmes, à un signe près, avant et après midi : car, dans la formule (5), il n'y a de variable que la quantité $n.15$ degrés, dont la valeur absolue est la même pour deux plans horaires également éloignés du méridien. Par conséquent, on peut se borner au calcul des valeurs de H qui se rapportent aux heures après midi. Mais il n'est pas même nécessaire de calculer toutes ces valeurs.

Lorsque l'on a trouvé les angles H, depuis midi jusqu'à 6 heures du soir, ou jusqu'à $n.15^\circ = 90^\circ$, on obtient, sans aucun calcul, les angles H au delà de 6 heures. Pour le prouver, faisons, dans l'équation (5),

$$n.15 = 90^\circ \pm m.15,$$

nous aurons

$$\text{tang H} = \sin\text{L tang}(90° \pm m.15) = \mp \sin\text{L cot} m.15.$$

Ce résultat indique que l'angle H, qui correspond à 90° + $m.15$, ou à une heure au delà de la 6ᵉ, est égal, au signe près, à l'angle H qui correspond à 90° — $m.15$, ou à l'heure qui, précédant la 6ᵉ, en est à la même distance que l'heure ci-dessus (90° + $m.15$). Par exemple, l'angle qui se rapporte à 7ʰ 15ᵐ est le supplément de celui de 4ʰ 45ᵐ; les tangentes trigonométriques ont la même valeur absolue et sont affectées de signes différents.

Les calculs à faire pour déterminer les distances MN sont très-faciles par logarithmes.

Ils se réduisent à chercher d'abord l'angle H par la relation (5), et à substituer ensuite la valeur de H dans la formule (6) ou (7). Ces calculs ne seraient pas plus aisés pour un cadran vertical, puisque l'inclinaison n'entre pour rien dans les expressions ci-dessus.

On a démontré que la droite A'CB', parallèle à AB, était, sur le cadran horizontal, la limite des lignes horaires relatives au cadran incliné. Il suit de là que, pour connaître le numéro de ces heures extrêmes, il faut substituer dans l'équation (5), à la place de la quantité H, l'un des angles

$$\text{B'CM} = 90° + \text{D} \quad \text{ou} \quad \text{A'CM} = 90° — \text{D};$$

on déduit la valeur de n de l'équation résultante

(8) $$— \cot\text{D} = \sin\text{L tang } n.15°.$$

Détermination d'un troisième point des lignes horaires qui rencontrent l'horizontale AB hors des limites du cadran.

Les lignes ON, très-éloignées de la méridienne OM, coupent ordinairement l'horizontale AB hors des limites du cadran. Il n'est pas possible alors de porter sur AB les

5

distances calculées X. Pour tracer les lignes horaire
comprises dans ce cas, il est nécessaire d'en avoir u
troisième point n, ou bien de trouver les angles NOM
(*fig.* 12) que ces lignes forment avec une droite déj
connue, telle que la méridienne; nous allons d'abor
chercher la position des points n.

On peut supposer que ces points sont ceux où les ligne
horaires coupent une perpendiculaire Aa ou Bb, élevé
sur AB à une distance connue MA ou MB du point M
Soit d cette distance, positive, lorsqu'elle est MB, du côt
des X positifs; négative, lorsqu'elle est MA du côté des
négatifs. Représentons les distances inconnues Bn ou A
par Y ou Y'. Les triangles semblables OHN, NBn donnen
la proportion

$$n\text{B} : \text{NB} :: \text{OH} : \text{HN}; \quad \text{d'où} \quad Y = \frac{\text{BN.OH}}{\text{HN}};$$

mais on a
$$\text{BN} = X - d, \quad \text{HN} = X + \text{HM};$$
donc
$$Y = \text{OH}\,\frac{X - d}{X + \text{HM}}.$$

Il faut évaluer maintenant les distances OH et MH
Représentons-les par y' et x'. Dans le triangle OHM
nous avons
$$\text{MH} = \text{OM}\cos \text{OMH}, \quad \text{OH} = \text{MH}\tan \text{OMH}.$$

En ayant égard aux relations (1), (θ) et (4), il vient :

$$(9) \qquad x' = \frac{\beta \sin L \sin D \sin\theta}{\cos(L+\theta)},$$

$$(10) \qquad y' = \frac{\beta \sin L \cos\theta}{\cos I \cos(L+\theta)},$$

$$(11) \qquad Y = y'\,\frac{X-d}{X+x'}.$$

Il n'y a de variable dans la formule (11) que la distance X. Pour en déduire les valeurs de Y' ou les distances An, relatives aux heures du matin, il faut y changer les signes de d et de X. Après ce changement, elle devient

$$(12) \qquad Y' = y' \frac{X - d}{X - x'}.$$

Les valeurs de y' et de x' sont les mêmes dans les équations (11) et (12). C'est par le calcul de ces quantités que l'on doit commencer celui des valeurs de Y ou de Y'; on se donne ensuite la valeur de d; on la substitue dans l'équation (11) ou (12), avec l'une des distances $\pm$ X $> d$. Le résultat de la substitution est la hauteur du point n au-dessus de AB, mesurée sur la perpendiculaire Aa ou Bb.

Angles des lignes horaires et de la méridienne.

Au lieu de déterminer un point n de chacune des lignes horaires qui coupent AB hors du cadran, on peut calculer les angles que ces lignes forment avec OM. Soit U l'un de ces angles NOM.

Le plan du cadran NOM (*fig.* 13), le méridien COM et le plan horaire CON forment un triangle sphérique qui peut être représenté par CMN. Dans ce triangle, on connaît un angle C; il est égal à $n.15 = p$. Si l'on peut trouver un des deux autres angles M et le côté MC compris, l'angle U sera déterminé par un théorème de trigonométrie exprimé dans la formule

$$(13) \qquad \cot U = \frac{\cot p \sin M + \cos M \cos \theta'}{\sin \theta'},$$

θ' étant le côté MC ou l'angle du style et de la méridienne. Le triangle CO'M (*fig.* 19) fait connaître la valeur de cet angle; car

$$\sin CO'M = \sin \theta' = \beta \frac{\sin L}{O'M} = \cos(L + \theta);$$

5.

d'où il suit que

$$(14) \qquad\qquad \theta' = 90° - (L + \theta).$$

Ainsi, l'inclinaison du style sur la méridienne est le complément de l'angle que la verticale fait avec la méridienne, augmenté de la latitude. On pouvait prévoir ce résultat à l'inspection de la *fig*. 19.

L'angle M du plan du cadran et du méridien fait partie d'un autre triangle sphérique CON. Le troisième plan qui produit ce triangle est l'horizon CMN (*fig*. 16). L'angle C est droit; le côté CN = 90° — D; l'angle N adjacent à ce côté est égal à 90° + I. Par conséquent, le troisième angle O ou M doit satisfaire à la relation.

$$(15) \qquad \cot M = \cos(90° - D)\sin(90° + I) = \sin D \cos I.$$

Les équations (14) et (15) font connaître les constantes θ' et M qui entrent dans la valeur de cot U. Pour pouvoir calculer cette cotangente, il faut employer un angle auxiliaire H' déterminé par la relation

$$(5') \qquad\qquad \tan H' = \cos\theta' \tan p,$$

laquelle donne

$$(16) \begin{cases} \cot U = \dfrac{\cos p \sin M + \cos M \cos p \tan H'}{\sin p \sin \theta'} \\[2mm] \quad = \dfrac{\cot p}{\sin \theta'} \dfrac{\sin(M + H')}{\cos H'} = \dfrac{\sin(H' + M)}{\sin H'} \tan(\theta + L). \end{cases}$$

L'équation (16) fait voir que le calcul des angles horaires U n'est guère plus pénible que celui des distances X; mais il est préférable de se servir de ces distances, parce qu'on les rapporte sur une épure ou sur un mur plus promptement et plus exactement que l'on n'y construit des angles égaux à des angles donnés. Les équations (5) et (5') ont la même forme; les angles H' sont les angles horaires d'un cadran horizontal à la latitude $(\theta + L)$.

FORMULES RELATIVES AUX COURBES DIURNES.

On peut tracer les courbes diurnes, lorsque l'on a calculé les distances de leurs différents points au centre du
cadran ou à l'équinoxiale. Il est plus commode de se servir
des dernières distances; elles sont, en général, moins
grandes que les autres, et, par conséquent, plus faciles
à rapporter. La première chose à faire pour décrire une
courbe quelconque, c'est donc de bien fixer la position
de l'équinoxiale. Comme elle doit être perpendiculaire à
la sous-stylaire, nous commencerons par déterminer cette
droite Ox.

De la sous-stylaire.

Pour tracer la sous-stylaire, il suffit de connaître la
distance du point M au point n', où elle coupe AB. On
obtient Mn' en regardant la sous-stylaire comme une ligne
horaire.

L'emploi des formules (5) et (6) ou (7) supposant la
connaissance de l'angle $n.15 = p'$ qui mesure l'inclinaison du méridien sur le plan horaire perpendiculaire au
cadran, cherchons la valeur de cet angle p'.

Il est évident que p' appartient à un triangle sphérique
formé par le méridien COM, par le cadran OMn' et par le
plan COn' du style et de la sous-stylaire. Ce triangle, qui
peut être représenté par CMn', est rectangle en n'. On
connaît l'hypoténuse CM $= \theta'$ ($fig.$ 15) : c'est l'angle du
style et de la méridienne; on connaît aussi l'angle M du
méridien et du cadran. D'après ces données, le troisième
angle p' doit satisfaire à l'équation

$$\cot p' = \frac{\cos \theta'}{\cot M} = \frac{\sin(\theta + L)}{\cot M};$$

la valeur de cot M déduite des équations (15) et (θ) est

$$\cot M = \frac{\sin D \cos I}{\sqrt{1 + \sin^2 D \cos^2 I}} = \tan D \cos \theta;$$

donc la formule qui sert à calculer l'angle p' du méridien et du plan horaire perpendiculaire au cadran peut se mettre sous la forme

$$(17) \qquad \cot p' = \frac{\sin(\theta + L)}{\tan D \cos \theta}.$$

Connaissant p', on met sa valeur dans l'équation (5); on en déduit une valeur de $H = MCn'$, qui doit être substituée dans l'équation (6) ou (7). Le résultat de la substitution est la distance du point M au point n', où la sous-stylaire coupe AB.

On obtient un troisième point de cette droite en calculant la distance Ux, mesurée sur la perpendiculaire CU à AB (*fig.* 19). Le calcul de Ux est fort simple. Dans les triangles rectangles CUX′ et CUM, on a

$$UX' = Ux = CU \sin I, \quad CU = CM \cos D = \beta \cos D;$$

ce qui donne

$$(18) \qquad Ux = \beta \cos D \sin I.$$

Il n'est pas inutile de faire remarquer qu'en comptant les angles U à partir de la sous-stylaire, au lieu de les compter à partir de la méridienne, on pourrait déterminer les lignes horaires par une formule plus simple que la formule (16).

Représentons par n un de ces angles NOn' rapportés à la nouvelle origine On'. Le triangle sphérique rectangle CNn' (*fig.* 15), formé par le plan du cadran, par le plan horaire OCN, et par le plan OCn' du style et de la sous-stylaire, donne

$$(19 \qquad \tan n = \sin N \tan \pi.$$

N désigne l'angle du style et de la sous-stylaire, et π l'inclinaison variable du plan horaire OCN sur le plan qui passe par le style et par la sous-stylaire. Si l'on parvient à trouver la valeur de ces deux angles N et π, il y aura plus d'avantages à se servir de la formule (19) qu'à employer les deux équations (5') et (16) pour déterminer par des angles la direction des lignes horaires.

1°. L'angle N (*fig.* 19) est égal à COφ ou à φOC'; par conséquent

$$\sin N = \sin C'O\varphi = \frac{C'x}{C'O} = \frac{\beta \cos D \cos l}{CO'}.$$

L'inconnue de la formule précédente est la distance CO du centre du cadran horizontal au centre du cadran incliné. Or, on déduit du triangle rectangle CO'F

$$CO' = \frac{O'F}{\sin L};$$

O'F est la hauteur du point O au-dessus du plan horizontal AB. Elle est égale à OH cos l; car, en concevant par le point O deux droites, OH et OF = O'F = GH, respectivement perpendiculaires à AB et au plan horizontal, ces perpendiculaires et la distance FH de leurs pieds forment un triangle rectangle en F, dont l'hypoténuse égale OH et dont l'angle en O égale l.

Les équations (10) et (0) donnent

$$O'F = \frac{\beta \sin L \cos\theta}{\cos(L + \theta)}, \qquad CO' = \beta \frac{\cos\theta}{\cos(L + \theta)}.$$

La valeur précédente de CO' conduit à celle de sin N, qui est

$$(20) \quad \sin N = \frac{\cos D \cos l}{\cos\theta} \cos(L + \theta) = \frac{\sin l}{\sin\theta} \cos(L + \theta).$$

On arriverait à la même valeur de sin N par la considération du triangle sphérique rectangle MCn' (*fig.* 15);

car on a

$$\sin N = \sin \theta' \sin M = \cos(\theta + L)\sqrt{1 - \sin^2 D \cos^2 I}$$

$$= \cos(\theta + L)\sqrt{\sin^2 I + \cos^2 D \cos^2 I} = \frac{\sin I}{\sin \theta}\cos(\theta + L).$$

Le même triangle fait connaître l'angle U' de la sous-stylaire et de la méridienne

(20') $\quad \tang U' = \tang \theta' \cos M = \cot(\theta + L)\sin D \cos I.$

2°. Afin de trouver la valeur de π, faisons passer un plan par un point quelconque du style et perpendiculairement à sa direction. Supposons que ce plan coupe le méridien suivant OM et le plan du style et de la sous-stylaire suivant Ox (*fig.* 9). La section faite dans le plan horaire pourra avoir trois positions distinctes relativement aux droites OM et Ox (*). Elle sera, ou OL, ou OL', ou OL''; et nous aurons

$$MOx = p', \quad LOx, \text{ ou } L'Ox, \text{ ou } L''Ox = \pi,$$
$$LOM, \text{ ou } L'OM, \text{ ou } L''OM = p.$$

La simple inspection de la *fig.* 9 prouve que, si la ligne horaire est OL à gauche de la
méridienne, ... $\pi = p' + p$; (21)
si elle est OL', entre la sous-stylaire et
la méridienne, ... $\pi = p' - p$; (21')
si elle est OL'', à droite de la sous-sty-
laire, ... $\pi = p - p'$. (21'')

Par exemple, on a trouvé que la valeur de p', relative au cadran représenté dans la *fig.* 28, était de $31°23'5''$; le plan de 2 heures faisant un angle de 30 degrés avec le

(*) Il est à remarquer que les droites OM et Ox dont il s'agit diffèrent des droites de même dénomination contenues dans le plan du cadran et indiquées dans la *fig.* 19.

méridien et celui de $2^h \frac{1}{4}$ faisant un angle de $33°45'$, c'est
entre 2^h et $2^h \frac{1}{4}$ que le plan horaire devient perpendiculaire au cadran ou que $\pi = 0$. L'heure juste de cette coïncidence est égale à

$$\frac{31°23'5''}{15°} = 2^h 51^m 31^s;$$

par conséquent, la première valeur de π (21) convient à
toutes les heures avant midi; la deuxième valeur (21')
convient aux heures comprises entre midi et $2^h 5^m 31^s$;
la troisième valeur (21'') n'est applicable qu'aux heures
qui suivent $2^h 5^m 31^s$.

Les équations (20) et (21) donnent à l'expression de
tang n la forme suivante :

$$\text{tang } n. = \frac{\sin \text{I}}{\sin \theta} \cos(\text{L} + \theta) \text{ tang}(p' \pm p),$$

équation qui ne renferme qu'une seule variable p et qui
est aisée à calculer par logarithmes.

De l'équinoxiale.

On sait qu'en élevant à l'extrémité ε du style la perpendiculaire $\varepsilon \rho'$ sur CO' (*fig.* 19), et au point ρ' la perpendiculaire $\rho' \rho$ sur CM, l'équinoxiale du cadran incliné doit
passer par le point ρ. Ce point sera déterminé si l'on
trouve la valeur de Mρ. Or, dans les triangles rectangles M$\rho'\rho$, C$\varepsilon\rho'$, on a

$$\text{M}\rho = \frac{\text{M}\rho'}{\sin \text{D}}, \quad \text{CM} \pm \text{M}\rho' = \text{C}\rho' = \frac{\text{C}\varepsilon}{\cos \text{L}}.$$

On déduit de la seconde égalité, en se souvenant que la
longueur O'ε, assignée au style, est exprimée par r,

$$\text{M}\rho' = \pm \left(\frac{\text{C}\varepsilon}{\cos \text{L}} - \beta \right) = \pm \left(\frac{\text{CO}' - r - \beta \cos \text{L}}{\cos \text{L}} \right).$$

Le signe + doit être pris lorsque le point ρ est derrière AB, et le signe — lorsque ρ' est en avant de AB.

La valeur de $M\rho'$, substituée dans celle de $M\rho$, donne

$$M\rho = \pm \frac{(CO' - r - \beta \cos L)}{\cos L \sin D}.$$

On a trouvé précédemment que

$$CO' = \frac{\beta \cos \theta}{\cos(L + \theta)}.$$

Cette expression de CO' transforme celle de $M\rho$ en celle-ci :

$$(22) \quad M\rho = \pm \left(\frac{\beta \cos \theta}{\cos L \sin D \cos(L + \theta)} - \frac{r + \beta \cos L}{\cos L \sin D} \right).$$

La formule ci-dessus ne paraît pas susceptible d'être décomposée en plusieurs facteurs, à cause des quantités β et r qu'elle contient. Il faut en évaluer séparément chaque terme, ce qui ne présente aucune difficulté.

On peut néanmoins simplifier l'expression de $M\rho$, en supposant que le plan horizontal, au lieu de passer par le point C, passe par l'extrémité ε du style, auquel cas AB devient hh'. Il faut faire alors

$$CO' = r = \frac{\beta \cos \theta}{\cos(L + \theta)},$$

d'où l'on tire

$$= \frac{r \cos(L + \theta)}{\cos \theta}.$$

Cette valeur de β mise dans celles de $M\rho$, la transforme en celle-ci :

$$M\rho \quad \text{ou} \quad h, 3 = \pm \frac{r \cos(L + \theta)}{\sin D \cos \theta},$$

laquelle se calcule facilement.

Pour pouvoir tracer l'équinoxiale indépendamment de la sous-stylaire, nous chercherons l'angle E que la droite pR forme avec la méridienne.

L'angle E (*fig.* 14) est un côté d'un triangle sphérique CE'R', formé par le méridien OE'R, par le cadran OE'R' et par un plan parallèle à l'équateur, et dont RR' est la trace sur le cadran. Dans ce triangle, on connaît l'angle en O; il est égal à M, et déterminé par la formule (15); le côté adjacent OE' est l'angle ORE' $= 90^\circ - \theta' = \varepsilon rO' = \theta + L$.

Donc nous aurons

$$(23) \quad \cot E = \cot(\theta + L)\cos M = \cot(\theta + L)\sin D \cos l.$$

Telle est la formule qui fait connaître l'angle E de la méridienne et de l'équinoxiale. La comparaison des équations (20') et (23) prouve que U' est le complément de l'angle E : ce qui revient à dire que l'équinoxiale, sur tout cadran plan, est perpendiculaire à la sous-stylaire.

La longueur de l'ombre du style à midi, le jour des équinoxes, est OR $=$ O'r. Or, dans le triangle rectangle O'εr (*fig.* 19), on a

$$(24) \quad O'r = \frac{r}{\sin(L + \theta)}.$$

Cette dernière relation peut servir à calculer la distance OR, et à vérifier la position de l'équinoxiale déterminée d'ailleurs par deux des trois conditions : 1° de passer par le point p (22); 2° de faire avec OM l'angle E (23); 3° d'être perpendiculaire à O.x.

Distance d'un point quelconque d'une courbe diurne au centre du cadran ou à l'équinoxiale.

Soient ON (*fig.* 20) une ligne horaire quelconque, OE le style dans sa véritable position sur le plan horaire rabattu autour de ON sur le cadran, QER une perpendiculaire à OE élevée à la distance OE$= r$, δ la déclinaison Qβ du soleil, supposé en β, au nord de l'équateur, dans le plan horaire ENO. La droite βEZ$'$ est la génératrice du cône qui produit la courbe. L'intersection Z$'$ de cette génératrice et de la ligne horaire en est un point. Il s'agit d'évaluer les distances OZ$'$ ou RZ$'$.

Appelons R et R$'$ les distances inconnues OZ et OZ$'$, et φ l'angle variable EON du style et de la ligne horaire. Dans le triangle OEZ$'$ on aura

(25) $\qquad \begin{cases} OZ' = R' = OE\ \dfrac{\sin OEZ'}{\sin OZ'E} \\[2mm] \quad = r\ \dfrac{\sin(90° + \delta)}{\sin[180° - (90° + \delta + \varphi)]} = \dfrac{r\cos\delta}{\cos(\varphi + \delta)}. \end{cases}$

Si la déclinaison du soleil devient australe ou négative, le premier point Z appartient à la courbe; dans ce cas,

(26) $\qquad \begin{cases} OZ = R = OE\ \dfrac{\sin OEZ}{\sin OZE} \\[2mm] \quad = r\ \dfrac{\sin(90° + \delta)}{\sin[180° - (90° + \delta + \varphi)]} = \dfrac{r\cos\delta}{\cos(\varphi - \delta)}. \end{cases}$

Les distances RZ$'$ et RZ, qu'on peut désigner par E$'$ et E, s'obtiennent au moyen des précédentes, en remarquant que le triangle ROE est rectangle en E, et que, par conséquent,

$$RO = \frac{r}{\cos\varphi}, \quad E' = RZ' = OZ' - RO = R' - \frac{r}{\cos\varphi}$$

$$= \frac{r\cos\delta}{\cos(\varphi + \delta)} - \frac{r}{\cos\varphi}.$$

On déduit de là :

$$(27) \quad \begin{cases} E' = \dfrac{r\left(\cos\varphi\cos\delta - \cos\varphi\cos\delta + \sin\varphi\sin\delta\right)}{\cos\varphi\cos(\varphi - \delta)} \\[2mm] \quad = \dfrac{r\sin\delta\,\tang\varphi}{\cos(\varphi + \delta)}. \end{cases}$$

On trouve de la même manière la valeur de E

$$(28) \quad \begin{cases} E = RZ = RO - OZ = \dfrac{r}{\cos\varphi} - R \\[2mm] \quad = \dfrac{r}{\cos\varphi} - \dfrac{r\cos\delta}{\cos(\varphi - \delta)} = -\dfrac{r\sin\delta\,\tang\varphi}{\cos(\varphi - \delta)}. \end{cases}$$

Les quatre formules auxquelles on vient de parvenir sont aussi simples qu'on peut le désirer ; mais elles supposent la connaissance de l'angle φ formé par le style et par une ligne horaire quelconque.

Pour déterminer cet angle, il faut remarquer qu'il est l'hypoténuse d'un triangle sphérique C$N n'$ (*fig.* 15), rectangle en n', et formé par le plan horaire CON, par le plan du style et de la sous-stylaire COn', et par le plan du cadran NOn'. L'équation (20) fait connaître le côté Cn' qui est l'angle N du style et de la sous-stylaire. L'une des équations (21) sert aussi à calculer l'angle π du plan horaire CON et du plan n'OC. Donc le côté φ du même triangle sphérique doit satisfaire à la relation

$$(29) \qquad \cot\varphi = \cot N \cos\pi.$$

On voit que la description d'une courbe diurne quelconque se réduit au calcul de la formule (29) et des distances E ou R. Les quantités N, p' et r sont constantes pour toutes les courbes, et δ variable d'une courbe à l'autre. Lorsque les longueurs R ou E sont calculées, on les porte sur les lignes horaires correspondantes ; leurs extrémités appartiennent aux différentes courbes.

On sait qu'il ne faut pas prolonger ces courbes au delà

de l'horizontale hh' (*fig.* 19), qui est le lieu des ombres portées par l'extrémité du style à chaque lever et à chaque coucher du soleil. Il importe donc de tracer cette droite pour ne pas déterminer des valeurs de R ou de E inutiles; hh' devant être parallèle à AB, sa position sera connue si l'on calcule la distance Oh du centre du cadran au point h où elle coupe la méridienne ON. Or, dans le triangle $\varepsilon O'\varepsilon'$, on a

$$(3o) \quad O'\varepsilon' = Oh = O'\varepsilon \, \frac{\sin L}{\sin\{180^\circ - [90^\circ - (\theta+L) - L]\}} = \frac{r\sin L}{\cos\theta}.$$

Nature des courbes diurnes; grandeur et position de leurs axes principaux.

La formule

$$R = \frac{r\cos\delta}{\cos(\varphi \pm \delta)}$$

est l'équation polaire d'une courbe diurne quelconque, puisqu'elle fait connaître la distance de tous ses points à un même point (*fig.* 20) qui est le centre du cadran. Le signe $+\delta$ ne convient qu'aux distances R relatives aux points Z′ qui sont sur le prolongement de RO, R étant un point de l'équinoxiale; et le signe $-\delta$ ne convient qu'aux points Z situés entre R et O. On peut donc supprimer le double signe qui affecte δ, pourvu qu'on fasse varier cette quantité, positivement ou négativement, entre les limites de la déclinaison du soleil.

En développant $\cos(\varphi+\delta)$, la valeur de R devient

$$R = \frac{r\cos\delta}{\cos\varphi\cos\delta - \sin\varphi\sin\delta} = \frac{r}{\cos\varphi - \tang\delta\sin\varphi}.$$

L'élimination de φ, effectuée au moyen de l'équation (29), donne à l'expression ci-dessus la forme suivante :

$$R = \frac{r\sqrt{1 + \cot^2 N \cos^2 \pi}}{\cot N \cos \pi - \tang \delta}.$$

Si l'on fait disparaître $\cos \pi$, en prenant sa valeur dans la formule (19), on aura enfin

$$(3o') \quad R = \frac{r}{\cos n \cos N - \tang \delta \sqrt{\sin^2 N \cos^2 n + \sin^2 n}}.$$

Mise sous cette forme, l'équation polaire d'une courbe diurne pour un plan incliné coïncide avec celle que M. Berroyer a obtenue, d'une autre manière, pour un cadran horizontal. Cette identité tient à ce qu'un cadran incliné pour une certaine latitude, et qui fait un angle N avec le style, est un cadran horizontal pour une latitude égale à N. (*Astronomie physique* de Biot, 2ᵉ édition, 3ᵉ vol., p. 68.)

On connaîtra la nature des courbes diurnes en discutant l'équation (3o').

Le double signe du radical $\sqrt{\sin^2 N \cos^2 n + \sin^2 n}$ indique que chaque valeur de δ fournit deux valeurs de R relatives à une même valeur de n. Les doubles valeurs de R prouvent que chaque courbe diurne est, en général, coupée en deux points par différents systèmes de lignes droites; ce qui est une propriété des courbes du 2ᵉ degré.

Le double signe du radical produit les mêmes valeurs de R que le double signe de la déclinaison δ. Il faut rejeter l'un des signes de ce radical, puisqu'on est convenu de regarder δ comme positif lorsque la déclinaison est boréale, et comme négatif lorsqu'elle est australe. C'est le signe — qui doit être rejeté; car, si on l'adoptait, en faisant $n = o$, la valeur de R serait

$$R = \frac{r \cos \delta}{\cos (N - \delta)} :$$

δ est supposé positif dans cette formule, qui doit donner la distance OZ' relative à la sous-stylaire. La même distance doit se déduire de l'équation (25), en y écrivant $\varphi = N$. Le résultat de cette dernière hypothèse est

$$R = \frac{r \cos \delta}{\cos (N + \delta)}.$$

Les deux valeurs de $R = OZ'$ étant contradictoires, la première doit être fautive, puisque l'exactitude de la seconde est incontestable. Il faut donc prendre le signe $+$ du radical, qui n'implique aucune contradiction avec les formules déjà démontrées.

Les deux valeurs de R qui correspondent à $\pm n$ étant les mêmes, il s'ensuit que les deux points d'une courbe diurne situés sur des lignes horaires également inclinées sur la sous-stylaire Ox sont à égale distance de cette droite, mais l'un à droite et l'autre à gauche. Cette propriété n'appartient qu'à un axe principal d'une section conique, et prouve que la sous-stylaire est un axe commun à toutes les courbes diurnes.

L'axe dont il s'agit contient toujours un des sommets réels de ces courbes; le plan qui passe par le style et par la sous-stylaire coupe le cône qui produit chaque courbe suivant deux génératrices $\beta EZ'$, αEZ. Une de ces génératrices (c'est αEZ dans la *fig.* 20) se trouve située entre l'équateur EQ et le prolongement EC' du style. Le rayon solaire représenté par cette droite αEZ rencontre nécessairement la sous-stylaire entre l'équinoxiale et le centre du cadran. Le point de rencontre Z est un des sommets réels de la courbe diurne; le point α est une des positions apparentes du soleil, lorsque cet astre est au-dessus de l'horizon, avec la déclinaison αQ.

Les distances OZ, plus petites que OR, sont exprimées par la formule (26). Par conséquent, la valeur suivante de

$$R_1 = \frac{r \cos \delta}{\cos(N - \delta)}$$

fait connaître la distance du centre du cadran à l'un des sommets réels de la courbe diurne, quelle que soit d'ailleurs la nature de cette courbe. Le rayon vecteur correspondant à l'autre sommet, situé sur la sous-stylaire, a pour valeur générale

$$R_2 = \frac{r \cos \delta}{\cos(N + \delta)}.$$

Ce rayon doit être opposé au premier si la courbe est une ellipse; il doit être dirigé dans le même sens si la courbe est une hyperbole, et il doit être infini si la courbe est une parabole. Dans le premier cas, $N + \delta > 90°$; dans le deuxième, $N + \delta < 90°$; dans le troisième, $N + \delta = 90°$. Donc les courbes diurnes sont des ellipses, ou des hyperboles, ou des paraboles, suivant que la déclinaison du soleil $>$ ou $<$ ou $=$ le complément de l'inclinaison du style sur le cadran, ainsi qu'on l'a déjà vu page 41.

La valeur générale des axes principaux des courbes diurnes se déduit facilement des résultats qui précèdent.

Soit 2A la longueur du grand axe dirigé suivant la sous-stylaire. Il est évident que cette longueur est égale à la différence des rayons vecteurs R_1 et R_2; en sorte que

$$2A = R_2 - R_1 = \frac{r \cos \delta}{\cos(N + \delta)} - \frac{r \cos \delta}{\cos(N - \delta)}$$
$$= \frac{r \cos \delta (\cos N \cos \delta + \sin N \sin \delta - \cos N \cos \delta + \sin N \sin \delta)}{\cos(N + \delta) \cos(N - \delta)},$$

d'où l'on tire

$$(31) \qquad A = \frac{r \cos \delta \sin \delta \sin N}{\cos(N + \delta) \cos(N - \delta)}.$$

Le centre C de la courbe (*fig.* 8′) est au milieu de la dis-

6

tance 2A. Appelant ρ le rayon vecteur OC, il vient

$$(32) \quad \begin{cases} \rho = R_1 + A = \dfrac{r\cos\delta}{\cos(N-\delta)} + \dfrac{r\cos\delta\sin\delta\sin N}{\cos(N+\delta)\cos(N-\delta)} \\ \quad = \dfrac{r\cos^2\delta\cos N}{\cos(N+\delta)\cos(N-\delta)}. \end{cases}$$

Pour pouvoir calculer le second axe de la courbe, représenté en général par 2B, il suffit de connaître sa valeur relative à l'ellipse; car les deux autres sections coniques sont des cas particuliers de celle-ci.

Soient OR la sous-stylaire, OE le style, QER l'équateur, ZZ′ les deux sommets réels de la courbe diurne. Le second axe 2B est la perpendiculaire BCB′ élevée au milieu C de ZZ′ et terminée de manière que l'angle BEO $= \delta$. Par le point O (*fig.* 8′) élevons une perpendiculaire Ob sur la sous-stylaire OR, ou sur la direction du grand axe 2A. Les points b, b', où cette perpendiculaire perce le cône, appartiennent à la courbe. Les angles bOE, b'OE sont droits, puisque le plan qui passe par le style et par la sous-stylaire est perpendiculaire au cadran. Le triangle rectangle bOE fournit l'égalité

$$O b = r \cot\delta\,;$$

par une propriété connue de l'ellipse, on a la proportion

$$\overline{Ob}^2 : \overline{BC}^2 :: OZ.OZ' : CZ.CZ',$$

ou bien

$$r^2\cot^2\delta : B^2 :: R_1.(-R_2) : A^2.$$

La substitution dans la proportion précédente des valeurs de A, R_1, R_2 donne

$$(33) \qquad B = \dfrac{r\sin N\cos\delta\sqrt{-1}}{\sqrt{\cos(N+\delta)\cos(N-\delta)}},$$

quantité réelle, puisque, dans le cas de l'ellipse, le produit

$$\cos(N+\delta)\cos(N-\delta) = \cos^2 N - \sin^2\delta$$

est négatif.

Si la courbe est une hyperbole, la quantité qui est sous
le radical est positive; B devient imaginaire. Il faut évaluer le coefficient de $\sqrt{-1}$, pour pouvoir construire la
courbe au moyen de ses axes.

Si la courbe est une parabole, la quantité qui est sous
le radical est nulle; B devient infini. Mais le paramètre
$\dfrac{B^2}{A}$ de la parabole a pour valeur

(34) $$\frac{B^2}{A} = \frac{r\cos^2\delta}{\sin\delta}.$$

Au moyen de ce paramètre, on décrit la courbe par les
méthodes connues.

Les expressions de A et de B se prêtent très-facilement
à l'emploi des logarithmes; elles n'en exigent qu'un petit
nombre. Le calcul des deux axes de chaque courbe diurne
fournit le moyen le plus court de la décrire. Dans nos climats, les courbes diurnes sur la plupart des cadrans sont
des hyperboles. L'ellipse et la parabole n'ont lieu que
dans les zones glaciales.

De la méridienne du temps moyen.

Le calcul des points de la méridienne du temps moyen
n'exige pas de nouvelles formules. Il faut employer à la
fois celles qui sont relatives aux lignes horaires et aux
courbes diurnes.

Représentons par $\pm e$ l'équation du temps; $+$ lorsque
le midi moyen avance sur le midi vrai, — lorsque le midi
moyen retarde; soit δ' la déclinaison du soleil le jour où
l'équation est $\pm e$. L'heure solaire correspondante au midi
moyen, le jour dont il s'agit, sera le midi du cadran
moins ou plus le nombre de secondes exprimé par e
(fig. 5).

Pour tracer la ligne de midi vrai $\mp e$, on cherche

d'abord l'angle $\mp n.15 = p$ que le méridien forme avec le plan horaire dans lequel la ligne est située. On détermine cet angle par la proportion

$$\tfrac{1}{1}^h \text{ ou } 900^s : 3°45' \text{ ou } 13500'' :: x^s : e'' = \frac{135}{36} e.$$

Le nombre $\dfrac{135}{9} e''$, qui exprime des secondes, doit être mis à la place de $(n.15)$, dans la formule (5). On en déduit l'angle H compris entre la méridienne du cadran horizontal et la ligne solaire du midi moyen. La valeur de H substituée, dans l'équation (6), si e est affecté du signe —, c'est-à-dire si le midi moyen est avant le midi vrai, dans l'équation (7) si e est affecté du signe +, c'est-à-dire si le midi moyen est entre midi vrai et 1 heure solaire, fait connaître la distance X du point M de la méridienne vraie au point N' où l'horizontale AB coupe la ligne horaire cherchée ON'.

Pour trouver ensuite le point de cette ligne ON' qui appartient à la méridienne du temps moyen, on a recours à la formule (29). On tire de cette formule une valeur de φ, qu'il faut substituer dans les équations (25) ou (27), si la déclinaison ∂' est boréale, dans les équations (26) ou (28), si la déclinaison ∂' est australe. Le résultat R ou E auquel on parvient est la distance du point cherché v au centre du cadran ou à l'équinoxiale (*fig.* 5 et 19).

L'invention de la méridienne du temps moyen est attribuée, par Delambre, à Granjean de Fouchy. Son utilité est très-restreinte. C'est une courbe transcendante dont nous ne connaissons pas l'équation. Pour l'obtenir, il faudrait pouvoir éliminer la déclinaison du soleil et l'angle horaire entre les équations de la courbe diurne et de la ligne horaire, et la valeur de l'*équation de temps*. (*Traité d'Astronomie* de Delambre, tome II, page 197.) On tombe dans des calculs inextricables.

DÉMONSTRATION ANALYTIQUE DES FORMULES NÉCESSAIRES
POUR LE CALCUL D'UN CADRAN INCLINÉ.

1. On vient de trouver, par de simples comparaisons de triangles, toutes les formules dont on peut avoir besoin pour calculer un cadran incliné. Nous appliquerons maintenant au même problème une analyse semblable à celle dont MM. Puissant et Berroyer ont fait usage pour établir la théorie des cadrans horizontaux et verticaux. (*Correspondance sur l'École Polytechnique*, t. II, p. 397 ; *Astronomie physique* de M. Biot, 2ᵉ édit., t. III, p. 51.)

Les éléments du cadran : la latitude, l'inclinaison, la déclinaison, etc., sont censés connus. Les lettres L, I, D,..., qui ont servi à représenter ces quantités dans la première solution, auront encore la même signification dans la seconde.

Rapportons les points de l'espace à trois axes rectangulaires. Prenons pour plan des xy le plan horizontal qui coupe le cadran suivant AB (*fig.* 17), pour axe des y la trace horizontale CM du méridien, et pour axe des z la verticale élevée en M. Les x positifs seront comptés sur ME de l'ouest à l'est, les y positifs sur MC du nord au sud, et les z positifs sur Mz de bas en haut. Formons avec ces coordonnées les équations du style, du cadran et du plan horaire.

Équations du style, du cadran et du plan horaire.

2. Le cadran passe par AB et laisse devant lui la verticale Mz. Le style est fixé au point O, parallèlement à l'axe terrestre. Il doit être contenu dans le méridien, qui est ici le plan des yz. Sa direction prolongée rencontre la méridienne CM, ou l'axe des y, au point C, distant de M d'une quantité connue CM $= +\beta$. La droite OC fait avec CM un angle L égal à la latitude du lieu où le cadran doit

être placé. D'après ces données, les équations du style sont

(A) $$x = 0, \quad y = -z \cot L + \beta.$$

Le terme $z \cot L$ doit avoir le signe — pour exprimer que la droite définie par les équations (A) s'élève au-dessus de l'horizon, et coupe l'axe des z à une distance positive $+ \dfrac{\beta}{\cot L}$ de l'origine M (*).

3. L'équation d'un plan qui passe par l'origine et celle de sa trace sur le plan des xy sont, en général, de la forme

$$Ax + By + Cz = 0, \quad \text{ou} \quad ax + by + z = 0, \quad x = -\frac{b}{a}y.$$

Le plan du cadran doit faire, avec le plan des xy, un angle égal à $90° - I$ et passer par l'horizontale AB dont les équations sont

$$x = y \cot D \quad \text{et} \quad z = 0.$$

Les équations ci-dessus seront relatives au plan du cadran, si les constantes a et b satisfont aux deux égalités

$$\cot D = -\frac{b}{a}, \quad \cos(90° - I) = \frac{-1}{\sqrt{a^2 + b^2 + 1}} = \sin I.$$

On déduit de là

$$a = -\cot I \sin D, \quad b = +\cot I \cos D.$$

Ces valeurs de a et de b donnent pour l'équation du plan du cadran

(B) $$x \sin D - y \cos D - z \tang I = 0.$$

Afin de reconnaître de quel côté de la verticale ce plan est incliné, transportons-le au point C parallèlement à lui-même; son équation deviendra, après ce mouvement,

$$x \sin D - y \cos D - z \tang I + \beta \cos D = 0.$$

Cette équation appartient à un plan qui coupe l'axe des z

(*) L'équation du plan parallèle à l'équateur mené par M, est $y = z \tang L$; car le produit des coefficients de r dans celle-ci et dans (A) est égal à — 1.

en un point dont les coordonnées sont

$$x = 0, \quad y = 0, \quad z = \frac{\beta \cos D}{\tang l}.$$

L'ordonnée z sera positive ou négative en même temps que l; ce qui signifie que le plan du cadran se trouvera derrière le plan vertical AB lorsqu'on donnera à l le signe $+$, ainsi qu'on l'a fait précédemment.

4. Un plan horaire quelconque passe par le style et fait avec le méridien un angle p multiple de 15 degrés. L'équation de ce plan horaire étant représentée par

$$a'x + b'y + c'z + 1 = 0,$$

celle de sa trace sur le plan des xy fera

$$y' + \frac{c'}{b'} z + \frac{1}{b'} = 0.$$

Si l'on exprime le cosinus de l'angle p en fonction de a', b', c', et si l'on identifie la dernière équation avec celle du style (A), il vient

$$\cos p = \frac{-a'}{\sqrt{a'^2 + b'^2 + c'^2}}. \quad \frac{c'}{b'} = \cot L, \quad \frac{1}{b'} = -\beta.$$

Ces trois équations servent à déterminer les constantes a', b', c'. On trouve, en les résolvant,

$$a' = -\frac{\cot p}{\beta \sin L}, \quad b' = -\frac{1}{\beta}, \quad c' = -\frac{\cot L}{\beta}.$$

L'équation du plan horaire est donc

(C) $\qquad x \cot p + y \sin L + z \cos L - \beta \sin L = 0.$

Le plan défini par l'équation précédente coupe l'axe des x en un point dont la distance à l'origine est

$$\frac{\beta \sin L}{\cot p}.$$

Le signe de cette quantité dépend de celui de l'angle p. Il faut donner à p le signe $+$, pour les plans horaires après

midi, afin que les lignes du soir soient dirigées du côté
des x positifs ou vers l'est.

La combinaison des quatre équations (A), (B), (C),
produit toutes les formules de la gnomonique plane. On
pourrait faire cette combinaison de plusieurs manières.
Le but principal des recherches qui suivent est d'éviter
de trop longs calculs, sans diminuer pourtant la généra-
lité de la question à résoudre.

Détermination des lignes horaires.

5. On peut tracer les lignes horaires en calculant les
distances respectives des points où la méridienne et ces
lignes coupent une même droite. L'analyse qui conduit à
l'expression de ces distances permet de faire voir que,
lorsqu'elles sont horizontales, leur calcul est un des plus
simples qu'on puisse effectuer.

L'origine M des coordonnées étant un point pris à volonté sur la méridienne OM, les équations d'une droite,
passant par M et dirigée d'une manière quelconque dans
le plan du cadran, peuvent être représentées par

$$(D) \qquad x = m z, \qquad x \sin D - y \cos D - z \tang I = o.$$

Le point où cette droite coupe le plan horaire dont l'équation est (C) a pour coordonnées x', y', z' :

$$(E) \begin{cases} x' = \dfrac{\beta m \sin L \, \cos D \, \cos I}{m(\sin D \sin L + \cot p \cos D)\cos I + \cos L \cos I \cos D - \sin L \sin} \\[2mm] y' = \dfrac{\beta \sin L \, (m \cos I \sin D - \sin I)}{m(\sin D \sin L + \cot p \cos D)\cos I + \cos L \cos I \cos D - \sin L \sin} \\[2mm] z' = \dfrac{\beta \sin L \, \cos D \, \cos I}{m(\sin D \sin L + \cot p \cos D)\cos I + \cos L \cos I \cos D - \sin L \sin} \end{cases}$$

La distance X du point M au point (x', y', z') représentée, en général, par $\sqrt{x'^2 + y'^2 + z'^2}$, est déterminée

par la formule

(F) $$X = \frac{\beta \sin L \sqrt{(1 + m^2) \cos^2 D \cos^2 I + (m \cos I \sin D - \sin I)^2}}{m(\sin D \sin L + \cot p \cos D) \cos I + \cos L \cos I \cos D - \sin L \sin I}.$$

La direction de la droite (D) ne dépend que de la valeur de m. Il s'agit de trouver une valeur de cette quantité m qui simplifie l'équation (F) et qui rende la distance X facilement calculable.

6. Les directions qui sembleraient devoir produire cette simplification sont celles de l'équinoxiale, de la trace du premier vertical sur le plan du cadran, et d'une perpendiculaire à l'horizontale AB.

L'équinoxiale a pour équations

$$y = z \operatorname{tang} L \quad \text{et} \quad (B);$$

La trace du premier vertical sur le cadran:

$$x = 0 \quad \text{et} \quad y = z \frac{\operatorname{tang} I}{\cos D};$$

La perpendiculaire à AB:

$$x = - y \operatorname{tang} D \quad \text{et} \quad (B).$$

Pour rendre la droite (D) parallèle à l'une des trois précédentes, il faudrait faire

$$m = \frac{\sin L \cos D \cos I + \cos L \sin I}{\cos L \sin D \sin I},$$

ou $$m = \frac{\operatorname{tang} I}{\sin D}, \quad \text{ou} \quad m = \operatorname{tang} I \sin D.$$

La seule inspection de ces valeurs de m indique qu'elles sont trop composées pour qu'en les substituant dans l'équation (F), le résultat puisse être susceptible de grandes réductions. L'exécution des calculs achève de le prouver.

7. Il n'en est plus de même si l'on suppose $m = \infty$. En examinant la composition de la valeur de X, on reconnaît qu'un grand nombre de ses termes s'évanouit en vertu de l'hypothèse actuelle. L'équation (F) devient, après

avoir mis m en dénominateur,

$$X = \pm \frac{\beta \sin L}{\sin D \sin L + \cot p \cos D}.$$

On simplifie encore cette valeur de X, en posant l'égalité

(5) $\qquad \qquad \text{tang} H = \sin L \, \text{tang} p.$

Le dénominateur de la fraction qui est égale à X se réduit à un seul terme, et l'on trouve

$$X = \pm \frac{\beta \sin H}{\sin D \sin H + \cos H \cos D} = \pm \frac{\beta \sin H}{\cos(D \mp H)}.$$

La quantité H est affectée du double signe, parce qu'elle est positive ou négative en même temps que p. p étant positif après midi et négatif avant midi, les valeurs de X, relatives aux lignes horaires du matin ou du soir, sont

(6) $\qquad \qquad X = \mp \dfrac{\beta \sin H}{\cos(D - H)}$

ou

(7) $\qquad \qquad X = \pm \dfrac{\beta \sin H}{\cos(D + H)};$

H est l'angle horaire sur le cadran horizontal; car, si l'on fait $z = 0$ dans l'équation (C), la trace du plan horaire sur le plan des xy a pour équation

$$x = -y \frac{\sin L}{\cot p} + \frac{\beta \sin L}{\cot p}.$$

Cette trace fait avec la partie CM de la méridienne un angle dont la tangente est $\dfrac{\sin L}{\cot p}$, ou $\text{tang} H$.

Faire $m = \infty$ ou $z = 0$ dans les équations (D), c'est écrire que la droite qu'elles représentent est la trace du plan du cadran sur le plan des xy. L'horizontale AB est donc la ligne qu'il convient de prendre pour mesurer les distances X qui déterminent les lignes horaires.

L'origine M de ces distances est aussi très-bien placée

sur la méridienne; car en les comptant, à partir d'un autre point (x'', y'', z''), leur expression générale serait

$$\sqrt{(x' - x'')^2 + (y' - y'')^2 + (z' - z'')^2};$$

et les valeurs de x'', y'', z'', entièrement semblables à celles de x', y', z', déterminées par les équations (E), rendraient la formule précédente encore plus compliquée que le second membre de l'équation (F).

8. La discussion de cette équation conduit à plusieurs résultats utiles.

Si l'on y fait $m = 0$, auquel cas $x = 0$, on écrit que la droite (D) coïncide avec la méridienne. La valeur de X correspondante doit être la distance du centre du cadran au point M de l'horizontale AB. On trouve, pour l'expression de cette distance,

$$OM = \frac{\beta \sin L \sqrt{1 - \sin^2 D \cos^2 I}}{\cos L \cos I \cos D - \sin L \sin I} = \frac{\beta \sin L \sqrt{\sin^2 I + \cos^2 D \cos^2 I}}{\cos L \cos I \cos D - \sin L \sin I}.$$

Posant l'équation

(0) $$\cot \theta = \cos D \cot I,$$

la valeur de OM devient calculable par logarithmes et se change en

(4) $$OM = \frac{\beta \sin L}{\cos(L + \theta)}.$$

9. Une ligne horaire du cadran incliné est horizontale, lorsque la distance X devient infinie. X a cette valeur si l'angle horaire p satisfait à l'équation

$$m(\sin D \sin L + \cot p \cos D)\cos I + \cos L \cos I \cos D - \sin L \sin I = 0.$$

Dans le cas où $m = \infty$, c'est-à-dire dans le cas où l'on mesure X sur AB, la valeur de $\cot p$, tirée de l'équation de condition ci-dessus, est

(8) $$\cot p = -\sin L \tan D.$$

L'équation (8) fait connaître l'angle horaire $p = n$. 15°

pour lequel la ligne horaire est parallèle à AB ou horizontale. L'angle p étant déterminé, on en déduit la première et la dernière heure que le cadran peut indiquer, en calculant n dans l'égalité $p = n.15°$.

10. Cherchons la valeur de m qui fait disparaître dans le dénominateur de X tous les termes indépendants de p.

Ces termes s'évanouissent si l'on pose

$$m \cos I \sin D \sin L + \cos L \cos I \cos D - \sin L \sin I = 0.$$

Résolue par rapport à m, cette équation donne

$$m = \frac{\sin L \sin I - \cos L \cos I \cos D}{\cos I \sin D \sin L}.$$

La valeur de X prend la forme suivante :

$$X = \frac{A}{\cot p}.$$

A est un coefficient constant pour toutes les heures ou valeurs de p; il indique que les distances X, mesurées sur le nouvel axe (D), sont égales, au signe près, pour deux lignes horaires correspondantes à $\pm p$, c'est-à-dire relatives à des heures également éloignées de midi. Une conséquence de ce résultat, c'est que, si l'on parvient à tracer sur le cadran le nouvel axe (D), on pourra déterminer les lignes du matin au moyen des valeurs de X relatives aux heures du soir. La direction de cet axe sera connue, si l'on trouve la ligne horaire qui lui est parallèle.

Pour qu'une ligne horaire dont les équations sont, en général,

$$x \cot p + y \sin L + z \cos L - \beta \sin L = 0,$$
$$x \sin D - y \cos D - z \tan I = 0,$$

devienne parallèle à la droite qui a pour équations

$$x = mz = \frac{\sin L \sin I - \cos L \cos I \cos D}{\cos I \sin D \sin L},$$
$$x \sin D - y \cos D - Z \tan I = 0,$$

il faut que l'angle p satisfasse à la relation

$$\frac{\cos L \cos D - \sin L \, \tan g \, I}{- \cot p \cos D - \sin D \sin L} = \frac{\sin L \sin I - \cos L \cos I \cos D}{\cos I \sin D \sin L},$$

de laquelle on tire

$$\cot p = 0 \quad \text{ou} \quad p = 90°.$$

Ainsi, l'axe (D) qui donne les valeurs de X égales et de signes contraires (*fig.* 10), pour des heures également éloignées de midi, doit être parallèle à la ligne de 6 heures. Ce théorème rentre dans celui qu'on a démontré précédemment, attribué à Lahire, et par lequel on a fait voir qu'on pouvait déterminer toutes les lignes horaires d'un cadran, connaissant celles qui sont comprises dans l'intervalle de six heures entières consécutives, quel que soit d'ailleurs le numéro de la première.

11. Les coordonnées x', y', z', qui servent à former l'équation (F), deviennent les coordonnées du centre du cadran, lorsqu'on y fait $m = 0$. Cette supposition réduit les formules (E) aux suivantes :

$$x' = 0, \quad y' = \frac{- \beta \sin L \sin I}{\cos L \cos D \cos I - \sin L \sin I},$$

$$z' = \frac{\beta \sin L \cos D \cos I}{\cos L \cos D \cos I - \sin L \sin I}.$$

L'expression de y' multipliée par $\sin D$, et celle de z' divisée par $\cos I$, doivent produire les distances MH et OH, qui fixent la position du centre O par rapport à AB. La multiplication et la division effectuées, il vient (*fig.* 12 et 19)

$$MH = \frac{- \beta \sin L \sin I \sin D}{\cos L \cos I \cos D - \sin L \sin I}.$$

$$OH = \frac{\beta \sin L \cos D}{\cos L \cos I \cos D - \sin L \sin I}.$$

Ces expressions prennent une forme calculable, lorsqu'on

y introduit l'angle (θ); elles se changent en

$$(9) \qquad MH = \frac{- \beta \sin L \sin I \sin \theta}{\cos(L + \theta)},$$

$$(10) \qquad OH = \frac{\beta \sin L \cos \theta}{\cos I \cos(L + \theta)}.$$

12. Représentons MH par $- x'$ et OH par y', et rapportons tous les points du cadran à deux nouveaux axes, l'un MB et l'autre élevé en M parallèlement à OH.

L'équation d'une ligne horaire qui passe par le point O ou $(- x', y')$ et par le point N ou $(\pm X, y'' = 0)$, situé sur AB, sera

$$y - y' = \frac{y' - y''}{- x' \mp X}(x + x') = \frac{y'}{- x' \mp X}(x + x').$$

L'équation d'une parallèle Bb ou Aa à l'axe des y, menée à la distance $\pm d$ de l'origine M, étant

$$x = \pm d,$$

l'ordonnée Y ou Y' du point n, où la parallèle coupe la ligne horaire, aura pour valeur

$$Y \text{ ou } Y' = y' - \frac{y'}{x' \pm X}(\pm d + x') = y' \frac{\pm X \mp d}{x' \pm X}.$$

Les signes supérieurs sont relatifs à des lignes horaires après midi, et les signes inférieurs sont relatifs à des lignes horaires avant midi; en sorte que l'on a

$$(11) \qquad Y = y' \frac{X - d}{X + x'},$$

$$(12) \qquad Y' = y' \frac{X - d}{X - x'}.$$

Telles sont les formules qui servent à déterminer un troisième point n des lignes horaires, lorsqu'elles rencontrent l'horizontale AB hors du cadran.

13. On pourrait déduire de l'équation (F) l'angle U (appelé *angle au centre du cadran*) d'une ligne horaire quelconque et de la méridienne ; car, en rendant la droite (D) perpendiculaire à la méridienne, par la supposition de

$$m = \frac{\tan^2 I - \cos^2 D}{\tan I \sin D},$$

la nouvelle valeur de X divisée par OM, qui est une quantité connue, serait égale à tang U.

On arrive à la même expression en employant la formule suivante :

$$(G) \quad \tan^2 U = \frac{\left(a - \dfrac{B'C - BC'}{A'B - AB'}\right)^2 + \left(b - \dfrac{AC' - A'C}{A'B - AB'}\right)^2 + \left(a\dfrac{AC' - A'C}{A'B - AB'} - b\dfrac{B'C - BC'}{A'B - AB'}\right)^2}{\left(1 + a\dfrac{B'C - BC'}{A'B - AB'} + b\dfrac{AC' - A'C}{A'B - AB'}\right)^2},$$

qui fait connaître la tangente de l'angle de deux droites définies par les équations

$$x = az, \quad \text{et} \quad Ax + By + cz = 0,$$
$$y = bz, \quad \text{et} \quad A'x + B'y + c'z = 0.$$

Les équations de la méridienne et d'une ligne horaire quelconque sont

$$x = 0, \quad \text{et} \quad x \sin D - y \cos D - z \tan I = 0,$$
$$y = -z\frac{\tan I}{\cos D}, \quad \text{et} \quad x \cot p + y \sin L + z \cos L = \beta \sin L,$$

Pour que la formule (G) exprime le carré de la tangente de l'angle formé par la méridienne et par cette ligne horaire, il faut qu'on ait

$$a = 0, \quad A = \sin D, \quad B = -\cos D, \quad C = -\tang I,$$

$$b = -\frac{\tang I}{\cos D}, \quad A' = \cot p, \quad B' = +\sin L, \quad C' = +\cos L.$$

On tire de ces différentes égalités :

$$A'B - AB' = -\cos D \cot p - \sin D \sin L, \quad B'C - BC' = -\sin L \tang H + \cos D \cos L,$$

$$AC' - A'C = \sin D \cos L + \cot p \tang I.$$

La substitution des quantités précédentes dans l'équation (G) la transforme en celle-ci :

$$\tang^2 U = \frac{\left(1 + \frac{\tang^2 I}{\cos^2 D}\right)\left(-\sin L \tang I + \cos D \cos L\right)^2 + \left[-\frac{\tang I}{\cos D}\left(-\cos D \cot p - \sin D \sin L\right) - \left(\sin D \cos L + \cot p \tang I\right)\right]^2}{\left[-\cos D \cot p - \sin D \sin L - \frac{\tang I}{\cos D}\left(\sin D \cos L + \cot p \tang I\right)\right]^2}$$

En développant cette expression, il vient

$$\tang^2 U = \frac{(\cos^2 D \cos^2 I + \sin^2 I)(\cos D \cos L \cos I - \sin L \sin I)^2 + \cos^2 I \sin^2 D (\sin L \sin I - \cos D \cos L \cos I)^2}{\left[-\cot p (\cos^2 D \cos^2 I + \sin^2 I) - \sin D \sin L \cos D \cos^2 I - \sin I \cos I \sin D \cos L\right]^2}.$$

Si l'on fait attention que

$$\cos^2 D \cos^2 I + \sin^2 I = I - \sin^2 D \cos^2 I,$$

on trouve, après avoir renversé la fraction ci-dessus,

$$(H) \begin{cases} \cot U = \dfrac{\cos I \sin D (\cos D \cos I \sin L + \cos L \sin I)}{\cos D \cos L \cos I - \sin L \sin I} \\ \qquad + \dfrac{I - \sin^2 D \cos^2 I}{\cos D \cos L \cos I - \sin L \sin I} - \cot p. \end{cases}$$

Cette valeur générale de la cotangente de l'angle horaire sur un plan quelconque coïncide avec celle que Delambre a obtenue d'une autre manière (*Traité d'Astronomie*, t. Ier, p. 32). Quoiqu'elle ne contienne que deux coefficients constants, l'emploi n'en serait pas facile, si l'on ne parvenait à lui donner une autre forme. Nous ferons voir qu'on peut la décomposer en facteurs; mais cette décomposition exige que l'on connaisse : 1° l'angle du méridien et du cadran; 2° l'angle du méridien et du plan horaire perpendiculaire au cadran; 3° l'angle du style et de la méridienne.

14. L'angle de deux plans définis par les équations

$$A x + B y + C z = o, \qquad A'x + B'y + C'z = o,$$

ayant, en général, pour cosinus

$$\frac{AA' + BB' + CC'}{\sqrt{A^2 + B^2 + C^2} \; \sqrt{A'^2 + B'^2 + C'^2}},$$

le cosinus de l'angle P du cadran et d'un plan horaire quelconque doit être exprimé par

$$\cos P = \cos I \sin p (\sin D \cot p - \cos D \sin L - \tang I \cos L).$$

En faisant $p = o$ dans la formule précédente, on écrit que le plan horaire se confond avec le méridien; P devient l'angle de ce méridien et du cadran. Si l'on représente cet

angle par M, on aura

$$\cos M = \sin D \cos I.$$

(15)

Lorsque $P = 90$ degrés, la valeur de p correspondante est l'angle p' du méridien et du plan horaire perpendiculaire au cadran. Dans ce cas, $\cos P = 0$, et l'on trouve, en ayant égard à la relation (θ),

(17)
$$\cot p' = \frac{\cos D \sin L \cos I + \sin I \cos L}{\cos I \sin D} = \frac{\sin(\theta + L)}{\tang D \cos \theta}.$$

15. Appelons φ l'angle du style et d'une ligne horaire quelconque, et θ l'angle du style et de la méridienne; θ est une valeur particulière de φ, qui sera connue si l'on détermine l'expression générale de ce dernier angle.

Les équations du style étant

$$x = 0, \qquad y = -z \cot L + \beta,$$

il suffit de faire $a = 0$, $b = -\cot L$ dans la formule (G), en y conservant les valeurs déjà assignées à A, B, C, A', B', C' pour que le second membre soit égal à $\tang^2 \varphi$. Ces hypothèses donnent

$$\tang^2 \varphi = \frac{(1 + \cot^2 L)(-\sin L \tang I + \cos D \cos L)^2 + [-\cot L(-\cos D \cot p - \sin D \sin L) - (\sin D \cos L + \cot p \tang I)]^2}{[-\cos D \cot p - \sin D \sin L) - \cot L(\sin D \cos L + \cot p \tang I)]^2}.$$

Si l'on réduit l'expression ci-dessus, elle devient

$$\tang^2 \varphi = \frac{(\cos D \cos L \cos I - \sin L \sin I)^2 + \cot^2 p\,(\cos D \cos L \cos I - \sin L \sin I)^2}{[-(\cos D \cos I \sin L + \sin L \cos L) \cot p - \sin D \cos I]^2}.$$

En renversant la fraction précédente et en extrayant la racine carrée, on obtient

$$(I) \quad \begin{cases} \cot \varphi = \dfrac{\sin D \cos I}{\cos D \cos I \cos L - \sin L \sin I} \sin p \\[2ex] + \dfrac{\cos D \cos I \sin L - \sin I \cos L}{\cos D \cos I \cos L - \sin L \sin I} \cos p. \end{cases}$$

Telle est la valeur générale de la cotangente de l'angle formé par le style et par une ligne horaire quelconque. En y écrivant que $p = 0$, $\cot \varphi$ devient égal à $\cot \theta'$, θ' étant l'angle du style et de la méridienne ; le second membre de l'équation (I) se réduit au coefficient de $\cos p$, et l'on a

$$\cot \theta' = \frac{\cos D \cos I \sin L + \sin I \cos L}{\cos D \cos I \cos L - \sin L \sin I} ;$$

d'où

$$\sin \theta' = \frac{\cos L \cos D \cos I - \sin L \sin I}{\sqrt{1 - \sin^2 D \cos^2 I}}.$$

L'équation (θ) simplifie la valeur de $\cot \theta'$; elle la réduit à

$$\cot \theta' = \tang (\theta + L) ;$$

d'où l'on tire

$$(14) \qquad \theta' = 90° - (\theta + L).$$

On remarquera que $p = 0$ étant le *minimum* de p, la différentielle de $\cot \varphi$, prise par rapport à p, et égalée à zéro, conduit à l'équation (17).

16. Pour simplifier l'expression de $\cot U$, il faut y introduire les valeurs de $\cot M$, de $\cot \theta'$ et de $\sin \theta'$. Ces valeurs font prendre à l'équation (H) la forme suivante :

$$\cot U = \cos M \cot \theta' + \frac{\sin M}{\sin \theta'} \cot p = \frac{\cos M \cos \theta' + \sin M \cot p}{\sin \theta'}.$$

Posons l'égalité

$$(5') \qquad \tang H' = \cos \theta' \tang p,$$

7.

l'expression de cotU se trouve toute préparée pour l'emploi des logarithmes; elle se change en celle-ci :

(16)
$$\cot U = \frac{\sin(H' + M)}{\sin H'} \, \text{tang}(\theta + L).$$

Cette valeur de la cotangente de l'angle horaire est plus facile à calculer que celle qui est contenue dans l'équation (H); mais on peut tirer de la seconde plusieurs conséquences utiles.

17. La valeur de p, déterminée par l'équation (8), est relative à la limite des lignes horaires qui est toujours horizontale (*fig.* 19). Si on l'introduit dans l'équation (H), la valeur de U sera l'angle de la méridienne et de l'horizontale PP' ou AB.

Remplaçons cot$p$ par — sin L tang D, il viendra

$$\cot OMB = \frac{\cos I \sin D (\cos D \cos I \sin L + \cos L \sin I) - \sin L \, \text{tang} \, D - \sin^2 D \cos^2 I \sin L \, \text{tang} \, D}{\cos D \cos L \cos I - \sin L \sin I}.$$

En réduisant cette équation, on trouve

(2)
$$\cot OMB = - \sin I \, \text{tang} \, D, \quad \text{d'où} \quad \cot OMA = \sin I \, \text{tang} \, D.$$

On arrive au même résultat par la comparaison des formules (9) et (10); car

$$\cot OMA = \frac{OH}{MH}.$$

Les équations (2) et (4) suffisent pour déterminer la méridienne OM et le centre O d'un cadran quelconque.

18. Faisons, dans la formule (H), l'angle $p = p'$. Le résultat de la substitution sera la cotangente de l'angle U', formé par la méridienne et par la sous-stylaire. La valeur de cot p', tirée de l'équation (17), donne

$$\cot U' = \frac{\cos I \sin D \left(\cos D \cos I \sin L + \cos L \sin I\right) + \left(1 - \sin^2 D \cos^2 I\right)\dfrac{\cos D \sin L \cos I + \sin I \cos L}{\cos I \sin D}}{\cos D \cos L \cos I - \sin L \sin I}.$$

Après les réductions convenables, il vient

$$\cot U' = \frac{\cos I \cos D \sin L + \cos L \sin I}{(\cos I \cos D \cos L - \sin L \sin I)\cos I \sin D}.$$

L'introduction de l'angle θ dans cette formule la rend beaucoup plus simple, et l'on a

(20')
$$\tan U' = \cot(L + \theta)\sin D \cos I.$$

Lorsqu'on a calculé l'angle U', il est possible de tracer la sous-stylaire, puisqu'elle doit passer par le centre O du cadran. Pour vérifier sa position, on cherche la distance du point M à celui n' où elle coupe l'horizontale AB (*fig.* 22 ou 21') (*).

(*) Le point n' est désigné par q dans la *fig.* 19.

19. Le calcul de cette distance Mn' peut se faire au moyen des équations (17), (5) et (6) ou (7). Mais il est plus commode de se servir de l'expression générale de X déterminée par l'équation (F).

Si l'on y fait $m = \infty$ et $p = p'$, on trouve

$$Mn' = \frac{\beta \sin L}{\sin D \sin L + \cos D \left(\dfrac{\sin L \cos D \cos I + \cos L \sin I}{\sin D \cos I} \right)} \cdot$$

On déduit de là

$$Mn' = \frac{\beta \sin L \cos I \sin D}{\cos I \sin L + \cos L \cos D \sin I} \cdot$$

Cette formule devient calculable, en y introduisant un angle ψ déterminé par la relation

$$\cot \psi = \cos D \, \tang I.$$

La valeur de Mn' se réduit à

$$Mn' = \frac{\beta \sin L \sin D \sin \psi}{\cos (L - \psi)} \cdot$$

20. Après avoir vérifié la position de la sous-stylaire, on peut déterminer les autres lignes horaires au moyen des angles n qu'elles forment avec cette droite. L'expression de $\tang n$ se présente sous une forme très-commode pour le calcul, lorsqu'on y introduit l'angle N du style et du cadran, et l'angle π du plan horaire et du plan qui passe par le style et par la sous-stylaire. Cherchons la valeur de ces deux angles.

Le premier se déduit de la formule (1), en y faisant $p = p'$. L'équation (17) donne

$$\sin p' = \frac{\cos I \, \sin D}{\sqrt{\cos^2 I \, \sin^2 D + (\cos D \, \cos I \, \sin L + \sin I \, \cos L)^2}},$$

$$\cos p' = \frac{\cos D \, \cos I \, \sin L + \sin I \, \cos L}{\sqrt{\cos^2 I \, \sin^2 D + (\cos D \, \cos I \, \sin L + \sin I \, \cos L)^2}} \cdot$$

Ces deux formules, substituées dans $\cot\varphi$, produisent la valeur de $\cot N$:

$$\cot N = \frac{\sqrt{1-(\cos D \cos I \cos L - \sin L \sin I)^2}}{\cos D \cos L \cos I - \sin L \sin I},$$

d'où

$$\sin N = \cos D \cos I \cos L - \sin L \sin I.$$

L'équation (θ) fait prendre à $\sin N$ la forme suivante :

$$\sin N = \frac{\sin I}{\sin \theta} \cos(L + \theta).$$

On arrive au même résultat sans avoir recours à l'équation (I); car les équations du style et du cadran étant

$$x = 0, \qquad y = Z \cot L + \beta,$$

et

$$x \sin D - y \cos D - z \tan I = 0,$$

on doit avoir, si l'on se souvient de la formule qui donne le sinus de l'angle d'une droite, $x = az, y = bz$, et d'un plan $Ax + By + Cz = 0$,

$$\sin N = \frac{Aa + Bb + C}{\sqrt{a^2 + b^2 + 1}\sqrt{A^2 + B^2 + C^2}}$$

$$= \frac{-\tan I + \cos D \cot L}{\sqrt{1 + \cot^2 L}\sqrt{1 + \tan^2 I}} = \cos D \cos I \cos L - \sin L \sin I.$$

21. Le second angle π est très-facile à déterminer. Les équations des deux plans horaires sont

$$x \cot p + y \sin L + z \cos L - \beta \sin L = 0,$$
$$x \cot p' + y \sin L + z \cos L - \beta \sin L = 0.$$

Le cosinus de l'angle de ces deux plans doit être

$$\frac{\cot p \cot p' + 1}{\sqrt{\cot^2 p + 1}\sqrt{\cot^2 p' + 1}} = \cos p \cos p' + \sin p \sin p' + \cos \pi,$$

lorsque les angles p et p' ont le même signe, ou que les plans horaires sont du même côté du méridien

$$\cos \pi = \cos(p - p'), \qquad \text{ou} \qquad = \cos(p' - p).$$

Le second cas a lieu si le plan p' est compris entre le méridien et le plan p (*fig. 9*).

Lorsque les angles p et p' sont affectés de signes différents,

$$\cos \pi = \cos(p + p');$$

à ces trois hypothèses correspondent les valeurs suivantes de π :

$$(21'') \qquad \qquad \pi = p - p',$$
$$(21') \qquad \qquad \pi = p' - p,$$
$$(21) \qquad \qquad \pi = p + p'.$$

22. Pour trouver maintenant une formule au moyen de laquelle on puisse calculer l'angle n d'une ligne horaire quelconque et de la sous-stylaire, on remarquera que n est susceptible des trois valeurs ci-dessous :

$$n = U - U', \qquad n = U' - U, \qquad n = U + U'.$$

Considérons-en une, la première par exemple. Ce qu'on dira de celle-là s'applique aux deux autres.

Formons la valeur de $\tan n$, il viendra

$$\tan n = \frac{\tan U - \tan U'}{1 + \tan U \tan U'} = \frac{\cot U' - \cot U}{\cot U \cot U' + 1};$$

introduisons les angles M, p' et N dans les valeurs de $\cot U$ et de $\cot U'$; ces valeurs seront

$$\cot U = \frac{\cos^2 M \cot p' + \sin^2 M \cot p}{\sin N}, \qquad \cot U' = \frac{\cot p'}{\sin N}.$$

En les substituant dans l'expression de $\tan n$, on trouve

$$\tan n = \sin N \; \frac{\cot p' - \cot p}{\cot^2 p' \cot^2 M + \cot p \cot p' + \dfrac{\sin^2 N}{\sin^2 M}};$$

si l'on fait attention que

$$\cot^2 p' \cot^2 M = \cos^2 U \quad \text{et} \quad \frac{\sin^2 N}{\sin^2 M} = \sin^2 U,$$

on aura enfin

$$(19) \quad \tan n = \sin N \frac{\cot p' - \cot p}{1 + \cot p \cot p'} = \sin N \tan \pi.$$

Le calcul de la formule (19) n'exige que deux logarithmes, dont un est constant pour toutes les lignes horaires. Elle coïncide avec l'équation (5), lorsqu'on rem-
place l'angle N du style et du cadran par la latitude L;
ce qui doit être, puisqu'on écrit alors que le cadran est
horizontal pour la latitude N.

23. Nous terminerons la discussion relative aux lignes
horaires, en faisant voir que la formule (1), qui fait connaître l'angle φ du style et d'une ligne horaire quelconque,
peut se mettre sous une forme aussi simple que celle de
l'équation (19) qu'on vient de trouver.

Dans l'équation démontrée

$$\cos \pi = \cos p \cos p' + \sin p \sin p',$$

remplaçons $\cos p'$ et $\sin p'$ par leurs valeurs, on aura

$$\cos \pi = \frac{\cos D \cos I \sin L + \sin I \cos L}{\sqrt{1 - (\cos D \cos I \cos L - \sin L \sin I)^2}} \cos p$$

$$+ \frac{\cos I \sin D}{\sqrt{1 - (\cos D \cos I \cos L - \sin L \sin I)^2}} \sin p.$$

Multipliant les deux membres de cette égalité par $\cot N$, le
deuxième est identique avec la valeur de $\cot \varphi$; en sorte que

$$(29) \quad \cot \varphi = \cot N \cos \pi.$$

On peut remarquer que cette formule ne contient, ainsi
que la formule (19), qu'une seule variable, l'angle π. Si le
jour était divisé de telle manière que la sous-stylaire coïn-
cidât avec la ligne de midi, le cadran serait symétrique,
quelles que fussent son inclinaison et sa déclinaison; car

les angles n, correspondants à $\pm \pi$, seraient égaux. Cette observation explique la régularité des cadrans horizontaux et des cadrans verticaux sans déclinaison. On peut considérer notre cadran incliné déclinant comme horizontal pour le parallèle dont la latitude serait N et la différence des méridiens p', afin de faire marquer au cadran les heures du lieu véritable, au lieu de celles du lieu fictif.

Pour le cadran horizontal, on a

$$\tan U = \sin L \tan p.$$

Pour avoir les heures du lieu, dont la latitude est $L = N$, il faut faire $\pi = p + p'$ pour le soir, et $\pi = p - p'$ pour le matin.

Détermination des courbes diurnes.

24. Prenons la sous-stylaire Ox' pour l'axe des y, une perpendiculaire à cette droite menée par le centre du cadran pour l'axe des x et une perpendiculaire au plan du cadran pour l'axe des z. Les y positifs seront vers le haut du cadran; les x positifs vers l'est et les z positifs au-dessus du cadran, du côté du pôle abaissé.

N étant l'angle du style et du nouvel axe des y, les équations de ce style seront

$$x = 0, \qquad y = -z \cot N.$$

La longueur du style est représentée par r; les coordonnées x', y', z' de son extrémité auront pour valeur

$$x' = 0, \qquad y' = -r \cos N, \qquad z' = r \sin N.$$

Si l'extrémité du style était tournée vers le nord, il faudrait changer le signe de r. La génératrice de la surface conique qui produit une courbe diurne est définie par les deux conditions de passer par le point (x', y', z') et de faire avec le style un angle égal à $(90° - \delta)$.

On exprimera la première condition, en prenant pour

les équations de cette génératrice,

$$\left\{ \begin{aligned} x - x' &= a'(z - z'), \\ y - y' &= b'(z - z'), \end{aligned} \right\} \text{ ou bien } \left\{ \begin{aligned} x &= a'(z - r\sin N), \\ y + r\cos N &= b'(z - r\sin N). \end{aligned} \right\}$$

On exprimera la seconde, en écrivant que, dans la formule

$$\cos(90° - \delta) = \sin\delta = \frac{1 + aa' + bb'}{\sqrt{1 + a^2 + b^2}\sqrt{1 + a'^2 + b'^2}},$$

les quantités a et b sont respectivement égales à o et à — cot N.

Si l'on introduit ces deux suppositions dans la valeur de $\sin\delta$, et qu'on en élimine a' et b', en les remplaçant par leurs valeurs en x et en y, il viendra, pour l'équation de la surface conique,

$$\sin\delta = \frac{1 - \cot N \dfrac{y + r\cos N}{z - r\cos N}}{\sqrt{1 + \cot^2 N}\sqrt{1 + \left(\dfrac{x}{z - r\sin N}\right)^2 + \left(\dfrac{y + r\cos N}{z - r\sin N}\right)^2}},$$

En faisant $z = o$ et développant, l'équation de la courbe diurne se réduit à

(J) $y^2(\cos^2 N - \sin^2\delta) - x^2\sin^2\delta + 2ry\cos N\cos^2\delta + r^2\cos^2\delta = 0.$

δ entre, élevé au carré, dans tous les termes de l'équation (J); ce qui prouve que les courbes diurnes correspondantes à des déclinaisons du soleil égales à $+\delta$ et à $-\delta$ appartiennent à la même section conique.

25. Pour reconnaître si cette section est une hyperbole, ou une ellipse, ou une parabole, il faut se rappeler que, lorsque l'équation d'une section conique est

$$ay^2 + bxy + cx^2 + \ldots = 0,$$

on doit avoir respectivement, dans les trois cas ci-dessus,

$$b^2 - 4ac > \text{ou} < \text{ou} = 0.$$

Ici l'on a

$$a = \cos^2 N - \sin^2 \delta, \qquad b = 0, \qquad b = -\sin^2 \delta;$$

donc la nature de la courbe diurne ne dépend que du signe de la quantité

$$\cos^2 N - \sin^2 \delta = \sin^2(90^\circ - N) - \sin^2 \delta;$$

d'où il suit que cette courbe diurne est une branche d'hyperbole, ou d'ellipse, ou de parabole, suivant que

$$90^\circ - N > \text{ou} < \text{ou} = \delta;$$

résultat conforme à celui qu'on a déduit de l'équation polaire de la même courbe.

Le même cadran peut avoir des courbes de plusieurs espèces. On conçoit que la déclinaison du soleil étant variable, deux valeurs particulières δ et δ' de cette déclinaison peuvent satisfaire, l'une à l'inégalité $90^\circ - N > \delta$ et l'autre à l'égalité $90^\circ - N = \delta'$. Par exemple, un cadran sur lequel le style serait incliné de 80 degrés devrait avoir pour courbe diurne les trois sections coniques car $90^\circ - N$ serait égal à 10 degrés, et les limites de la déclinaison δ sont 0 degré et $23^\circ 28'$. Ces différente courbes auraient un axe commun, la sous-stylaire; puisque leur équation (J) ne contenant point de terme où x soit élevé à la première puissance, il correspond à chaque valeur de y, deux valeurs de x et de signes contraires.

26. Si l'on fait $\delta = 0$ dans l'équation (J), on trouve

$$y = -\frac{r}{\cos N}$$

pour l'équation de l'équinoxiale; elle se présente, comme on voit, sous une forme très-simple, ce qui est dû au choix du nouveau système de coordonnées. Ce résultat prouve que l'équinoxiale est une ligne droite, perpendiculaire à l'axe des y, ou à la sous-stylaire. Il peut servir à tracer cette ligne diurne. Afin de trouver facilement plusieurs conditions auxquelles la même ligne doit satisfaire, reprenons les équations (A), (B), (C) et ne perdons pas de vue que le système de coordonnées auquel elles sont rapportées, est celui indiqué au n° 1, et non le précédent (n° 24).

27. On conclut de ces équations, que celles de la méridienne et de l'équinoxiale doivent être représentées par

$$x = 0, \quad y = -z \frac{\tang l}{\cos D},$$

pour la première, et

$$x = \frac{\tang L \cos D + \tang l}{\sin D} \cdot z, \quad y = z \tang L,$$

pour la seconde.

Si l'on substitue les coefficients de z dans la formule

$$\frac{(a - a')^2 + (b - b')^2 + (ab' - a'b)^2}{(1 + aa' + bb')^2},$$

le résultat est le carré de la tangente de l'angle de la méridienne et de l'équinoxiale. Appelant E cet angle, il vient

$$\tang^2 E$$

$$= \frac{\left(\dfrac{\tang L \cos D + \tang l}{\sin D}\right)^2 \left(1 + \dfrac{\tang^2 l}{\cos^2 D}\right) + \left(\dfrac{\tang l}{\cos D} + \tang L\right)^2}{\left(1 - \dfrac{\tang l \, \tang L}{\cos D}\right)^2}.$$

Le développement de l'expression précédente donne

$$\tang E = \frac{\cos l \cos D \sin L + \cos L \sin l}{(\cos l \cos D \cos L - \sin L \sin l) \cos l \sin D},$$

d'où

$$(23) \qquad \cotang E = \cot(L + \theta) \sin D \cos l.$$

La formule (23) permet de calculer l'angle de la méridienne et de l'équinoxiale. L'angle E étant le complément de l'angle U' (20'), on retrouve ici la propriété démontrée dans le n° 26.

28. Soient x'', y'' les coordonnées du point ρ où l'équinoxiale coupe l'horizontale AB. La distance Mρ (*fig.* 19) sera connue, si l'on détermine x'' et y''; car

$$M\rho = \sqrt{x''^2 + y''^2}.$$

L'équation (10) fait connaître la valeur de OH, ou la distance du centre du cadran à l'horizontale AB. La hauteur z' du même point au-dessus du plan des xy est OH cos I. Si z''' représente la hauteur verticale de l'extrémité du style, on aura

$$z''' = z' - r\sin L.$$

L'ordonnée y''', correspondante à z''', est donnée par l'équation du style

$$y''' = -\cot L\,(z' - r\sin L) + \beta.$$

Donc l'équation du plan qui produit l'équinoxiale est

$$y - y''' = (z - z''')\tang L,$$

ou bien

$$y + \cot L\,(z' - r\sin L) - \beta = \tang L\,(z - z' + r\sin L).$$

Ce plan coupe l'horizontale AB, définie par les équations

$$z = 0, \quad x = \cot D,$$

en un point ρ, qui a pour coordonnées

$$z'' = 0, \quad y'' = \frac{\beta\sin L\cos L + r\sin L - z'}{\cos L\sin L},$$

$$x'' = \cot D\,\frac{\beta\sin L\cos L + r\sin L - z'}{\cos L\sin L}.$$

La valeur de Mρ devient donc, en remplaçant z' par $\dfrac{\beta \sin L \cos \theta}{\cos L + \theta}$ (10),

$$(22) \quad M\rho = \pm \left(\frac{\beta \cos \theta}{\cos L \sin D \cos(L + \theta)} - \frac{r + \beta \cos L}{\cos L \sin D} \right).$$

L'équation (22) fait connaître un point remarquable de l'équinoxiale. Pour en avoir un autre, cherchons celui où elle coupe la ligne de 6 heures.

29. Le plan des xy (*) étant pris à volonté, par rapport au centre du cadran, ce plan horizontal peut être regardé comme l'horizon qui passe par l'extrémité du style. L'équinoxiale a pour équations

$$y = z \tang L + \beta, \quad x \sin D - y \cos D - z \tang I = 0.$$

Elle rencontre le plan des xy en un point dont les coordonnées sont

$$z' = 0, \quad y' = \beta, \quad x' = \beta \cot D.$$

Il est aisé de voir que ces coordonnées satisfont aux équations de la ligne de 6 heures :

$$y \sin L + z \cos L - \beta \sin L = 0,$$
$$x \sin D - y \cos D - z \tang I = 0.$$

Donc l'équinoxiale et la ligne de 6 heures rencontrent au même point 3 la droite hh', intersection du cadran et du plan horizontal qui passe par l'extrémité du style.

La distance du point (3) au point h, où la méridienne coupe hh', se déduit de l'équation (F) en y faisant

$$m = \infty, \quad p = 90^{\circ};$$

il vient

$$h.3 = \frac{\beta}{\sin D}$$

(*) Le système de coordonnées est ici celui indiqué au n° 1

Pour pouvoir calculer cette formule , il faut remplacer
β par la distance analogue β' mesurée dans le plan horizontal qui passe par l'extrémité ε du style (*fig.* 19), et non
plus par le point C. Si l'on se rappelle que r est la longueur
du style, et θ' son inclinaison sur la méridienne, il est évident que l'on doit avoir (14)

$$\beta' = \frac{r \sin \theta'}{\sin (\theta' + \mathrm{L})};$$

d'où

$$h.3 = \frac{r \cos (\mathrm{L} + \theta)}{\cos \theta \sin \mathrm{D}}.$$

L'équation précédente peut servir au tracé de l'équinoxiale, et à celui de la ligne hh' du lever et du coucher
du soleil. On obtient un autre point h de cette dernière
droite, au moyen de la formule (4), qui fait connaître la
distance OM. En y mettant β' au lieu de β, la distance
OM devient Oh, et l'on trouve ce résultat très-simple

(30) $$\mathrm{O}h = \frac{r \sin \mathrm{L}}{\cos \theta}.$$

30. On pourrait parvenir aux formules (23), (22),
(30) en se servant du système d'axes auxquels l'équation
de la courbe diurne a été rapportée au n° 24. Mais les calculs à faire deviennent un peu plus longs que ceux qu'on
a exécutés. Cependant le second système de coordonnées
est, à son tour, plus commode que le premier, indiqué
au n° 1, pour la démonstration de plusieurs formules.

Afin d'en donner un exemple, cherchons, d'après les
hypothèses du n° 24, les angles n et φ que les lignes horaires forment avec la sous-stylaire et avec le style.

Les nouvelles équations du plan et de la ligne horaire
sont

$$x \cot \pi + y \cos \mathrm{N} + z \sin \mathrm{N} = o, \ \ \text{et } z = o, \ x = -y \sin \mathrm{N} \tang \pi,$$

Le rapport $\dfrac{x}{-y}$ est la valeur de tang n. Donc

(19) $\qquad\qquad$ tang $n = \sin \mathrm{N}$ tang π.

La valeur de φ est tout aussi facile à obtenir ; car les équations du style étant

$$x = 0, \quad y = -z \cot \mathrm{N},$$

il suffit de faire

$$b = \infty, \quad \frac{a}{b} = -\sin \mathrm{N} \text{ tang } \pi, \quad a' = 0, \quad b' = -\cot \mathrm{N}$$

dans l'équation qui détermine l'angle de deux droites

$$\cot \varphi = \frac{1 + aa' + bb'}{\sqrt{(a - a')^2 + (b - b')^2 + (ab' - a'b)^2}},$$

pour arriver à la formule déjà démontrée

(29) $\qquad\qquad$ $\cot \varphi = \cot \mathrm{N} \cos \pi$.

On remarquera que, lorsque le soleil est dans le plan du cadran, le rayon solaire et la ligne horaire correspondante sont parallèles, d'où $\varphi = 90° - \delta$.

La formule (29) devient alors

$$\cos \pi = \text{tang N tang } \delta.$$

Elle sert à trouver l'heure du passage du soleil dans un plan défini par les angles p' et N.

31. Avant de passer à la détermination des axes et des rayons vecteurs d'une courbe diurne, nous ferons remarquer que l'équation (J) ne conviendrait plus qu'à un cadran horizontal si l'on y supposait $\mathrm{N} = \mathrm{L}$. Il serait possible de déterminer la latitude L, au moyen de l'équation résultante

$$y^2 (\cos^2 \mathrm{L} - \sin^2 \delta) - x^2 \sin^2 \delta + 2\, ry \cos^2 \delta \cos \mathrm{L} + r^2 \cos^2 \delta = 0.$$

Pour y parvenir, il suffirait de tracer une méridienne

sur un plan horizontal; d'élever, en un point a de la méridienne, une tige verticale d'une hauteur connue, $= h$, et d'observer, à midi, un point d'ombre P' (*fig.* 2) projeté par l'extrémité de la tige sur la méridienne. Appelant y et $x' = o$ les coordonnées du point P', rapportées au point a comme origine, et à la méridienne aM comme axe des y il viendrait

$$y'^2 (\cos^2 L - \sin^2 \delta) + 2ry' \cos^2 \delta \cos L + r^2 \cos^2 \delta = o,$$
$$h = r \sin L.$$

L'élimination de r entre ces deux équations en produirait une troisième qui, résolue par rapport à cos L, ferait connaître la latitude. La méthode graphique qui est exposée à la page 11, pour trouver cette latitude, n'est qu'une construction géométrique de la précédente. Elle lui paraît préférable : les calculs que celle-ci exige deviennent compliqués, à moins qu'on n'emploie l'équation fort simple de l'équinoxiale

$$y = - \frac{r}{\cos L};$$

car alors, on trouve pour équation finale

$$y' \cos L = h \sin L;$$

d'où l'on déduit ce résultat, d'ailleurs évident,

$$\tan L = \frac{y'}{h};$$

il signifie que pour avoir la latitude, il faut, le jour des équinoxes, observer un point d'ombre, à midi, sur la méridienne d'un plan horizontal. La hauteur h du point au dessus du plan et la distance y' de sa projection horizontale au point d'ombre, font connaître la tangente de la latitude, en divisant y' par h.

32. On obtient les coordonnées du centre d'une courbe

diurne en différentiant l'équation (J) partiellement, par rapport à x et à y. La double différentiation donne, en représentant les coordonnées du centre par x' et ρ,

$$(32) \quad x' = 0, \quad \rho = -\frac{r \cos N \cos^2 \delta}{\cos^2 N - \sin^2 \delta} = -\frac{r \cos N \cos^2 \delta}{\cos(N+\delta)\cos(N-\delta)}.$$

Le signe — de la valeur de ρ indique que le centre de chaque courbe est situé sur la partie Ox de la sous-stylaire lorsque la courbe est une hyperbole, et sur le prolongement de Ox lorsque la courbe est une ellipse.

33. Les axes $2A$ et $2B$ de la même courbe se déduisent très-simplement de son équation rapportée au point (x' et ρ) comme origine des coordonnées.

Pour faire cette transformation d'axes, il faut éliminer de l'équation (J) le terme où y n'est élevé qu'à la première puissance. L'élimination s'opère d'elle-même en posant l'égalité

$$y = y' - \frac{r \cos N \cos^2 \delta}{\cos^2 N - \sin^2 \delta}.$$

La substitution de cette valeur de y dans l'équation (J) produit la suivante :

$$(\cos^2 N - \sin^2 \delta) y'^2 - x^2 \sin^2 \delta = \frac{r^2 \cos^2 \delta \sin^2 \delta \sin^2 N}{\cos^2 N - \sin^2 \delta}.$$

Si l'on fait successivement $x = 0$ et $y' = 0$, les valeurs de y' et de x correspondantes sont les demi-axes A et B. On trouve

$$(31) \qquad A = \frac{r \cos \delta \sin \delta \sin N}{\cos(N+\delta)\cos(N-\delta)},$$

$$(33) \qquad B = \frac{r \cos \delta \sin N}{\sqrt{\cos(N+\delta)\cos(N-\delta)}} \sqrt{-1}.$$

La valeur de A ne pouvant pas être imaginaire, la sous-stylaire contient toujours les deux sommets réels de chaque courbe diurne.

34. Représentons par R la distance du centre du cadran au point d'une courbe diurne, situé sur la ligne horaire qui fait un angle n avec l'axe de y ou avec la sous-stylaire. On aura

$$y = -R\cos n; \quad x = R\sin n.$$

En substituant ces valeurs de y et de x dans l'équation (J), l'équation finale à laquelle on parvient est

$$R^2 - \frac{2\,r\cos N\cos^2\delta\cos n}{\cos n\cos^2 N - \sin^2\delta}R = -\frac{r^2 - \cos^2\delta}{\cos^2 n\cos^2 N - \sin^2\delta}.$$

La résolution de cette équation par rapport à R donne

$$R = \frac{r\cos\delta\,'\cos\delta\cos N\cos n + r\sin\pm\delta\sqrt{1 - \cos^2 N\cos^2 n})}{\cos^2 N\cos^2 n - \sin^2\delta}.$$

On ne laisse que le signe $+$ au radical, parce que le double signe de δ conduit aux mêmes valeurs de R

L'équation précédente peut se mettre sous une autre forme, en observant que le dénominateur est la différence des carrés des deux termes du numérateur. Il vient

$$(30)\quad R = \frac{r\cos\delta}{\cos\delta\cos N\cos n - \sin\pm\delta\sqrt{\sin^2 N\cos^2 n + \sin^2 n}}.$$

L'élimination de N et de n, faite au moyen des équations (19) et (29), simplifie l'expression de R ; elle lui fait prendre cette forme :

$$R = \frac{r\cos\delta}{\cos(\varphi\pm\delta)}.$$

Il s'agit de voir maintenant dans quel cas δ doit être affecté du signe $+$ ou du signe $-$.

35. L'équation de l'équinoxiale

$$y = -\frac{r}{\cos N}$$

sert à faire cette distinction. D'après le choix de nos coordonnées, l'équinoxiale étant située du côté des y négatifs, l'équateur se trouve entre le centre du cadran et le
pôle austral. Par conséquent, pour une déclinaison australe du soleil, la longueur R de l'ombre du style dirigée
suivant la sous-stylaire, c'est-à-dire correspondante à
$n = 0$, doit être plus petite que $\dfrac{r}{\cos N}$. La valeur de R est
exprimée par

$$R = \frac{r}{\cos N + \tang \pm \partial \sin N}$$

Le seul moyen de rendre le dénominateur de cette fraction $< \cos N$ est de supposer ∂ négatif. Ainsi les déclinaisons australes doivent être négatives, et par suite les
déclinaisons boréales qui leur sont opposées, doivent être
positives. Dans le premier ou dans le second cas, on se
sert de la formule

$$(26) \qquad R = \frac{r \cos \partial}{\cos (\varphi - \partial)},$$

ou

$$(25) \qquad R = \frac{r \cos \partial}{\cos (\varphi + \partial)}.$$

*Des heures où un cadran commence à être éclairé et
finit de l'être.*

36. L'équation de la surface conique qui produit une
courbe diurne fournit le moyen de déterminer l'heure à
laquelle le soleil se trouve dans le plan du cadran.

Lorsque le soleil est dans ce plan, l'ombre du style est
dirigée suivant la droite qui joint le centre du cadran et
le centre du soleil. Les rayons solaires qui passent par
l'extrémité du style, un jour donné, étant parallèles à
ceux qui passent par le pied, on peut supposer que la

surface conique, lieu des premiers rayons, ait pour sommet le pied du style. La ligne horaire correspondante au passage du soleil dans le plan du cadran est l'intersection de ce plan et du cône.

Le plan a pour équation $z = 0$. On aura celle du cône en faisant $r = 0$ dans l'expression

$$\sin \delta = \frac{\left(1 - \cot N \dfrac{y + r\cos N}{z - r\sin N}\right)\sin N}{\sqrt{1 + \left(\dfrac{x}{z - r\sin N}\right)^2 + \left(\dfrac{y + r\cos N}{z - r\sin N}\right)}}.$$

La supposition précédente donne

$$\sin \delta = \frac{z \sin N - y \cos N}{\sqrt{x^2 + y^2 + z^2}};$$

d'où il résulte que le cadran coupe la surface conique suivant une ligne définie par

$$(K) \qquad x \sin \delta = \pm y \sqrt{\cos^2 N - \sin^2 \delta}.$$

Cette équation représente deux lignes droites, ou une seule, ou un point, suivant que la courbe diurne est hyperbolique, ou parabolique, ou elliptique. Il n'y a lieu à résoudre la question proposée que pour les jours où la déclinaison du soleil est telle que la courbe diurne est une branche d'hyperbole (*).

Dans ce dernier cas, les droites représentées par l'équation (K) font avec l'axe des x un angle dont la tangente est

$$\frac{\sin \delta}{\sqrt{\cos^2 N - \sin^2 \delta}} = \frac{A}{B}.$$

(*) Quand la courbe diurne est une ellipse, le soleil est visible toute la journée à la latitude N ; quand c'est une parabole, la plus petite hauteur du soleil égale 0 ; quand c'est une hyperbole, la plus petite hauteur est négative.

On sait que le rapport des demi-axes $\frac{A}{B}$ est égal à la
tangente de l'angle formé par les asymptotes de la courbe
diurne et par l'axe des x. Donc, ces asymptotes sont des
droites menées par le centre de la courbe, parallèlement
aux lignes horaires qui correspondent aux passages du soleil
dans le plan du cadran ; résultat évident par lui-même,
puisque le rayon solaire mené à l'extrémité du style rencontre le cadran à l'infini, lorsque ce rayon part du cadran.

Il suit de ce qui précède que l'horizontale hh' est parallèle à une des asymptotes de la courbe diurne, le jour
où le soleil se lève ou se couche dans le plan du cadran.
La droite hh' ne peut indiquer l'heure de ce lever ou de
ce coucher que lorsque la courbe diurne est une hyperbole. Mais elle est toujours la limite des lignes horaires
utiles, puisque le soleil, placé au-dessous de l'horizon, ne
peut y projeter aucune ombre.

Pour savoir si, un certain jour donné par la déclinaison δ, il est possible que le soleil se trouve dans le plan du
cadran, il faut déterminer dans quel cas l'équation de la
ligne horaire

$$x = \mp y \tang n = \mp y \sin N \tang \pi$$

est compatible avec l'équation de l'intersection du cône et
du cadran

$$x \sin \delta = \pm y \sqrt{\cos^2 N - \sin^2 \delta}.$$

La comparaison de ces deux équations conduit à celle-ci

(L) $$\sin \delta = \cos N \cos n ,$$

laquelle peut aussi se déduire du triangle sphérique rectangle $CN'N$ (*fig.* 15), ou de l'élimination de π entre les
formules (19) et (29), en y changeant φ en $90^0 - \delta$.

La valeur de $\cos n$ tirée de l'équation (L) fait voir que
l'angle n formé par une ligne horaire et par la sous-sty-

laire est réel et double, ou nul, ou imaginaire, suivant que $\sin \delta >$ ou $=$ ou $< \cos N$; ce qui revient à dire que la courbe diurne est une hyperbole dans le premier cas, une parabole dans le deuxième, et une ellipse dans le troisième.

Réciproquement. Si l'on donne la déclinaison δ et qu'on veuille savoir l'heure à laquelle le soleil se trouve dans le plan du cadran, il faut résoudre l'équation (L) par rapport à $\cos n$. La valeur de n correspond à une ligne horaire qui ne sort pas de la limite hh' : cette ligne horaire indique l'heure du passage du soleil dans le plan du cadran. Il faudrait la marquer sur les deux faces d'un plan qui devrait porter deux cadrans supplémentaires. L'heure déterminée par l'angle n ou $U \pm U'$ est avant ou après celle que la sous-stylaire indique, suivant que n a le signe — ou le signe +.

Au lieu de l'angle au centre U, on pourrait déterminer directement l'angle horaire p, par la formule (29) transformée : $\cos \pi = \tang N \tang \delta$, dans laquelle $\pi = p \pm p'$. Connaissant $p \pm p'$, on en déduira p. En divisant p par 15 degrés, on aura l'heure du passage du soleil dans le plan du cadran.

Afin de reconnaître si c'est la partie sous l'horizon qui est éclairée, nous déterminerons la distance angulaire du soleil à ce plan.

Supposons une perpendiculaire élevée au point O sur le cadran; soient V l'extrémité de cette perpendiculaire ou le pôle du cadran, S le soleil et P le pôle du lieu.

Les trois points P, S, V forment un triangle sphérique, dans lequel VS est le complément de la distance cherchée. On a

$$\cos VS = \cos VPS \sin PV \sin PS + \cos PV \cos PS$$
$$= \cos(p - p') \sin(90^\circ + N) \cos \delta + \cos(90^\circ + N) \sin \delta;$$

on en déduit

$$\cos VS = (\sin L \cos D \cos I \cos p - \cos L \sin I \cos p + \cos I \sin D \sin p) \cos \delta$$
$$- (\cos I \cos D \cos L + \sin I \sin L) \sin \delta.$$

La tangente de VS est la distance du pied du style à l'intersection de la ligne horaire avec l'arc de signe, ou l'ombre du style; quand elle est négative, le soleil n'éclaire pas le plan. Le calcul de ces tangentes pourrait servir à décrire la courbe diurne.

Lorsque le soleil passe dans le cadran, $VS = 90°$, $\cos VS = 0$; il en résulte $\cos(p - p') = \tang N \tang \delta = $ arc semi-nocturne pour le matin, et $\cos(-p - p') = \tang N \tang \delta$. pour l'autre arc semi-nocturne.

On a ainsi les arcs semi-diurnes du plan du cadran; d'où l'on conclut les moments où il commence ou cesse d'être éclairé. Si l'angle p qu'on en déduit est plus petit que l'arc semi-nocturne du lieu, le cadran ne saurait marquer l'heure indiquée par p. Il faut, pour que le cadran marque la réunion de ces deux conditions, que le soleil soit élevé sur ce plan et qu'il soit élevé sur l'horizon du lieu : $\cos VS$ positif prouve que le plan est éclairé; mais si à cette heure le soleil est couché, c'est-à-dire sous l'horizon, le cadran ne marque rien. La ligne horaire serait au-dessus de l'horizontale hh' et devrait être rejetée.

Des cadrans horizontaux, verticaux, etc.

37. On terminera ici ces recherches analytiques sur la théorie des cadrans solaires. Les formules qui précèdent suffisent pour calculer les différentes parties du cadran le plus complet. Toutes ces formules sont préparées pour l'emploi des logarithmes. Il n'y en a aucune qui ne soit très-facile à évaluer. On les rend applicables aux cadrans horizontaux et verticaux, en attribuant à

l'inclinaison I et à la déclinaison D les valeurs qui leur conviennent dans ces cas particuliers. Il faut supposer

1°. $I = 0$, pour un cadran vertical déclinant.

> L'angle du plan avec le méridien est $90° — D$;
> $\sin N = \cos D \cos L$; $\cot p' = \sin L \cot D$, et $\cos VS = 0$ donne

$$\cos p + \frac{\tan D}{\sin L} \sin p = \cot L \tan \delta.$$

2°. $D = 0$, $I = 0$, pour un cadran vertical non déclinant.

> $N = 90° — L$; $\cos VS = \sin L \cos p \cos \delta — \cos L \sin \delta$,
>
> et $\cos VS = 0$ donne $\cos p = + \cot L \tan \delta$;
>
> le cadran est éclairé pendant douze heures tout au plus.

3°. $D = 90°$, $I = 0$, pour un cadran parallèle au méridien et vertical.

> Le plan ne coupe nulle part le méridien avec lequel il se confond. La sous-stylaire est la ligne de 6 heures; l'équinoxiale fait avec la verticale un angle $= L$; $\sin N = 0$; $\cot p' = 0$; le pôle est dans le plan; le centre du cadran est à l'infini; toutes les lignes horaires sont parallèles à la méridienne; $\cos VS = \sin p \cot \delta$, et $\cos VS = 0$ donne $\sin p = 0$; c'est à midi que le soleil est dans le plan et cesse de l'éclairer. Les ombres sont infinies et font avec la verticale un angle égal à $L — D$. Le cadran occidental est le même que le cadran oriental vu en transparent.

4°. $D = 0$, $I = 90°$, pour un cadran horizontal.

> Le méridien est perpendiculaire au plan; la méridienne (perpendiculaire à la ligne de 6 heures), la verticale et la sous-stylaire se

confondent :

$$\cos VS = \cos L \cos p \cos \delta + \sin L \sin \delta, \text{ et } \cos VS = 0$$

donne

$$\cos p = - \tan L \tan \delta;$$

le cadran est éclairé depuis le lever jusqu'au coucher du soleil.

5°. $I = L, D = 0,$ pour un cadran équatorial.

La verticale se confond avec la méridienne, perpendiculaire à la ligne de 6 heures. Le cadran est perpendiculaire au méridien et au style. Les courbes diurnes sont des arcs de cercle concentriques, dont le rayon $= \cot \delta$. Les angles au centre sont des multiples exacts de 15 degrés, le zéro étant sur la méridienne.

Le soleil est, moitié de l'année, à droite, et l'autre moitié, à gauche du plan. Le cadran aura deux faces dont l'une servira pour les déclinaisons boréales, et l'autre pour les déclinaisons australes du soleil.

Le développement des suppositions précédentes conduirait à tous les résultats que MM. Delambre, Berroyer et Puissant ont obtenus dans les ouvrages déjà cités. Mais il est inutile de s'arrêter plus longtemps à cette comparaison, qui n'offre aucune difficulté.

Application des formules générales à un exemple.

Données.

$L = 49°40'$	$I = 1°0'9'',25$
$\log \sin L = 9,8821213$	$\log \sin I = 8,2429715$
$\log \cos L = 9,8110609$	$\log \cos I = 9,9999335$
$\log \tan L = 10,0710604$	$\log \tan I = 8,2430380$
$\log \cot L = 9,9289396$	$\log \cot I = 11,7569620$

(9) $\cot \theta = \cos D \cot I$ $\qquad\qquad$ $\theta = 1^\circ 6' 37''$

$\log \cos D = 9,9562125$ $\qquad\qquad$ $\log \sin \theta = 8,2867439$
$\log \cot I = 11,7569620$ $\qquad\qquad$ $\log \cos \theta = 9,9999184$

$\log \cot \theta = 11,7131745$ $\qquad\qquad$ $\log \tan g \theta = 8,2868255$
$\qquad\qquad\qquad\qquad\qquad\qquad\qquad$ $\log \cot \theta = 11,7131745$

$D = 25^\circ 17' 55'',6$ $\qquad\qquad$ $\beta = 2^m,00$

$\log \sin D = 9,6307721$ $\qquad\qquad$ $\log \beta = 0,3010300$
$\log \cos D = 9,9562125$
$\log \tan g D = 9,6745596$ $\qquad\qquad\qquad$ $r = 1^m,30$
$\log \cot D = 10,3254404$ $\qquad\qquad$ $\log r = 0,1139434$
$(L + \theta) = 50^\circ 46' 37''$ $\qquad\qquad$ $\delta = 23^\circ 28'$

$\log \sin(\theta + L) = 9,8891280$ $\qquad\qquad$ $\log \sin \delta = 9,6001181$
$\log \cos(\theta + L) = 9,8009514$ $\qquad\qquad$ $\log \cos \delta = 9,9625076$
$\log \tan g(\theta + L) = 10,0881766$
$\log \cot(\theta + L) = 9,9118234$

Résultats.

(2) $\cot OMA = \sin I \tan g D$ $\qquad$ (4) $\qquad$ $OM = \dfrac{\beta \sin L}{\cos(\theta + L)}$

$\log \sin I = 8,2429715$ $\qquad\qquad\qquad$ $\log \beta = 0,3010300$
$\log \tan g D = 9,6745596$ $\qquad\qquad\qquad$ $\log \sin L = 9,8821213$

$\log \cot OMA = 7,9175311$ $\qquad\qquad\qquad\qquad$ $10,1831513$
$\qquad\qquad\qquad\qquad\qquad$ $\log \cos(\theta+L) = 9,8009514$
$\qquad\qquad\qquad\qquad\qquad\qquad$ $\log OM = 0,3821999$

$OMA = 89^\circ 31' 34''$ $\qquad\qquad\qquad$ $OM = 2^m,411015$

(9) $\quad x' = \dfrac{\beta \sin L \sin D \sin \theta}{\cos(\theta + L)}$ $\qquad$ (10) $\quad y' = \dfrac{\beta \sin L \cos \theta}{\cos(\theta + L)\cos I}$

$\log \dfrac{\beta \sin L}{\cos(\theta+L)} = 0,3821999$ $\qquad\quad$ $\log \dfrac{\beta \sin L}{\cos(\theta+L)} = 0,3821999$

$\log \sin D = 9,6307721$ $\qquad\qquad\qquad$ $\log \cos \theta = 9,9999184$
$\log \sin \theta = 8,2867439$ $\qquad\qquad\qquad\qquad$ $10,3821183$

$\log 100 x' = 0,2997159$ $\qquad\qquad\qquad$ $\log \cos I = 9,9999335$
$\qquad\qquad\qquad\qquad\qquad\qquad$ $\log y' = 0,3821848$

$x' = 0^m,01991$ $\qquad\qquad\qquad\qquad\qquad$ $y' = 2^m,41093$

Il résulte de ces calculs que, pour trouver le centre du cadran, il faut mener par le point M, pris à peu près au milieu de l'horizontale arbitraire AB, une droite OM qui fasse avec MA un angle de 89°31′34″, et porter sur cette droite, au-dessus de AB, une distance de 2ᵐ,411015. L'extrémité O de cette distance est l'intersection du style sur le cadran ou le point de concours de toutes les lignes horaires; OM est la méridienne.

HEURE solaire avant midi.	DISTANCE du ☉ au méridien en degr. de l'équateur.	CALCUL de la formule $\tan H = \sin L \tan p$.	ANGLE horaire sur le cadran horizontal.	ANGLE horizontal augmenté de la déclinaison.	CALCUL de la formule $X = \dfrac{\beta \sin H}{\cos(D+H)}$. (6)	DISTANCE mesurée sur l'horizontale d'une ligne horaire à la mérid.
$10^h 0^m$	$p = 30°$	l. $\sin L = 9,8821213$ l. $\tan p = 9,7614394$ l. $\tan H = 9,6435607$	$H = 23°45'17''$	$H = 23°45'17''$ $D = 25.17.55'',6$ $D+H = 49.3.12'',6$	l. $\beta = 0,3010300$ l. $\sin H = 9,6051833$ $9,9061433$ l. $\cos(D+H) = 9,8164750$ l. $X = 0,0896683$	$X = 1^m,22933$

HEURE solaire avant midi.	CALCUL de la différence $X - d$.	CALCUL de la différence $X - x'$.	CALCUL DE LA FORMULE $Y' = y'\,\dfrac{X-d}{X-x'}$. (12')	VALEUR DE Y'.
$10^h 0^m$	$X = 1^m,22933$ $d = 1^m,03491$ $X - d = 0^m,19442$	$X = 1^m,22933$ $x' = 0^m,01994$ $X - x' = 1^m,20939$	l. $y' = 0,3821848$ l. $(X-d) = 0,2887409$ $0,6709257$ l. $(X-x') = 0^m,0825666$ l. $10Y' = 0,5883591$	$Y' = 0^m,38757$

Ce tableau présente la série des calculs qu'il faut faire pour déterminer une ligne horaire. Si le cadran doit marquer les quarts d'heure, comme celui qui est représenté dans la *fig.* 28, on doit calculer les distances X ou Y pour les valeurs suivantes de p ou de $n.15°$, équations (6) et (7) :

$$\tfrac{1}{4}15°, \quad \tfrac{1}{2}15°, \quad \tfrac{3}{4}15°, \quad 15°, \quad \tfrac{1}{4}30°, \quad \tfrac{1}{2}30°, \ldots\ldots$$

qui correspondent à

$$12^{h}\tfrac{1}{4}, \quad 12^{h}\tfrac{1}{2}, \quad 12^{h}\tfrac{3}{4}, \quad 1^{h}, \quad 1^{h}\tfrac{1}{4}, \quad 1^{h}\tfrac{1}{2},\ldots\ldots$$

et à

$$11^{h}\tfrac{3}{4}, \quad 11^{h}\tfrac{1}{2}, \quad 11^{h}\tfrac{1}{4}, \quad 11^{h}, \quad 10^{h}\tfrac{3}{4}, \quad 10^{h}\tfrac{1}{2}.\ldots\ldots$$

Le calcul ci-dessous fait connaître les heures auxquelles il faut s'arrêter :

$$(8) \qquad\qquad - \cot D = \sin L \, \tang n.15°$$

$$
\begin{aligned}
\log \cot D &= 10,3254404\\
\log \sin L &= 9,8821213\\[2pt]
\hline
\log \tang n.15° &= 10,4433191\\
n.15° &= 70°\,11'\,6''\\
n &= 4^{h}40^{m}44^{s}\\
12 - n &= 7^{h}19^{m}16^{s}
\end{aligned}
$$

$$(20') \quad \tang U' = \cot(\theta + L)\sin D \cos I \qquad\qquad Oh = \frac{r \sin L}{\cos \theta}$$

$$
\begin{aligned}
\log \cos(\theta + L) &= 9,9118234 & \log r &= 0,1139434\\
\log \sin D &= 9,6307721 & \log \sin L &= 9,8821213\\[2pt]
\log \cos I &= 9,9999335 & &\overline{9,9960647}\\[2pt]
\overline{\log \tang U'} &= 9,5425290 & \log \cos \theta &= 9,9999184\\
U' &= 19°\,13'\,35'' & \log 10.Oh &= 0,9961463\\
E &= 70°\,46'\,25'' & Oh &= 0^{m},99117
\end{aligned}
$$

$$(24) \qquad O'r = \frac{1}{\sin(\theta + L)}$$

$$\log r = 0,1139434$$
$$\log \sin(\theta + L) = 9,8891280$$
$$\log O'r = 0,2248154$$
$$O'r = 1^m,6781$$

La valeur de U' indique que la sous-stylaire est dirigée du côté des lignes du soir et que son inclinaison sur la méridienne est de 19° 13′ 35″. L'équinoxiale coupe la méridienne à une distance du centre du cadran qui est égale à 1^m,6781 ; elle fait avec la même droite un angle de 70° 46′ 25″. L'horizontale hh', limite des lignes horaires utiles, doit couper la méridienne à 0^m,99117 du centre du cadran.

$$(17) \qquad \cot p' = \frac{\sin(\theta + L)}{\tan D \cos \theta}$$

$$\log \sin(\theta + L) = 9,8891280$$
$$\log \tan D = 9,6745596$$
$$\log \cos \theta = 9,9999184$$
$$19,6744780$$
$$\log \cot p' = 10,2146500$$
$$p' = 31° 23′ 5″$$

$$(20) \qquad \sin N = \frac{\sin I}{\sin \theta} \cos(\theta + L)$$

$$\log \sin I = 8,2429715$$
$$\log \cos(\theta + L) = 9,8009514$$
$$18,0439229$$
$$\log \sin \theta = 8,2867439$$
$$\log \sin N = 9,7771790$$
$$N = 34° 52′ 15″$$

(32)
$$p = \frac{r \cos^2\delta \cos N}{\cos(N + \delta) \cos(N - \delta)}$$

$$\log r = 0,1139434 \qquad N = 34°52'15''$$
$$\log \cos N = 9,9140485 \qquad \delta = 23°28'$$
$$2\log\cos\delta = 19,9250152 \qquad N + \delta = \overline{58°20'15''}$$
$$\overline{29,9530071} \qquad N - \delta = 11°24'15''$$
$$\log\cos(N + \delta) = 9,7200888$$
$$\log\cos(N - \delta) = 9,9913398$$
$$\overline{19,7114286}$$
$$\log p = 0,2415785$$
$$p = 1^m,74413$$

Il résulte : 1° de la valeur de p' que le plan horaire perpendiculaire au cadran fait un angle de 31° 23' 5'' avec le méridien ; 2° de la valeur de N que le style est incliné de 34° 52' 15'' sur le cadran ; 3° de la valeur de p que le centre de la courbe diurne correspondante à la déclinaison $\delta = 23° 28'$ du soleil se trouve en un point de la sousstylaire éloignée de $1^m,74413$ du centre du cadran. Les axes de la même courbe se déterminent ainsi qu'il suit :

(31)
$$A = \frac{r \cos\delta \sin\delta \sin N}{\cos(N + \delta) \cos(N - \delta)}$$

$$\log r = 0,1139434$$
$$\log\cos\delta = 9,9625076$$
$$\log\sin\delta = 9,6001181$$
$$\log\sin N = 9,7571898$$
$$\overline{29,4337589}$$
$$\log\cos(N+\delta)+\log\cos(N-\delta) = 19,7114286$$
$$\overline{\log 10 A = 0,7223303}$$
$$A = 0,527641$$
$$2A = 1^m,055282$$

$$(33) \qquad B = \frac{r \cos \delta \sin N}{\sqrt{\cos(N + \delta) \cos(N - \delta)}},$$

$$
\begin{aligned}
\log r &= 0,1139434 \\
\log \cos \delta &= 9,9625076 \\
\log \sin N &= 9,7571898 \\
\hline
&\quad 19,8336408 \\
\tfrac{1}{2}\log \cos(N + \delta) \cos(N - \delta) &= 9,8557143 \\
\log 10\, B &= 0,9779265 \\
B &= 0^{\mathrm{m}},95144 \\
2\,B &= 1^{\mathrm{m}},91088
\end{aligned}
$$

Les axes 2 A et 2 B étant connus, on peut décrire la courbe diurne (*). Cherchons-en un point directement, comme moyen de vérification.

(*) La construction des courbes diurnes est très-rapide quand on a les lignes horaires et la sous-stylaire. Soient ε l'extrémité du style, m sa projection sur le cadran, $\upsilon m m'$ une perpendiculaire sur une ligne horaire quelconque, arrêtée au point m' de cette ligne. Le triangle $\varepsilon m m'$ est rectangle en m, et le triangle $O \varepsilon m'$ est rectangle en m', O étant le centre du cadran. On connaîtra la distance $\varepsilon m'$, hypoténuse du triangle $\varepsilon m m'$ et côté du triangle $\varepsilon O m'$. Si l'on mène par ε les rayons solaires correspondants à chaque arc de signe, contenus dans le plan horaire $O \varepsilon m'$, l'un de ces rayons coupera l'équinoxiale en μ, point de rencontre de la ligne horaire $O m'$. Les autres rayons feront avec $\varepsilon \mu$ des angles égaux aux déclinaisons du soleil correspondantes à chaque arc de signe ou à δ. En rabattant le plan horaire autour de $O m' \mu$, le point ε viendra sur $m m'$ à une distance de $m' = \varepsilon m'$, sans que les angles δ varient par suite du rabattement; les rayons solaires rabattus détermineront donc les points de chaque arc de signe situés sur $O m'$, et ces rayons partiront du rabattement ε' de ε, en faisant avec $\varepsilon' \mu$ des angles égaux aux valeurs de δ.

La même construction répétée sur chaque ligne horaire fait pivoter le *trigone des signes* autour de m, pied du style. On représente quelquefois les rayons solaires par des fils qui se croisent en ε' et qui sont inclinés sur le rayon équatorial $\varepsilon' \mu$ d'une quantité angulaire égale à la déclinaison solaire.

HEURE solaire avant midi.	VALEUR de $p = n.15°$.	CALCUL de la formule $\pi = p + p'$.	CALCUL de la formule $\cot p = \cot N \cos \pi.$ (29)	ANGLE du style et de la ligne horaire, et valeurs de $\varphi - \delta$.	CALCUL de la formule $E = \dfrac{r \, \tang \varphi \, \sin \delta}{\cos(\varphi - \delta)}.$ (28)	DISTANCE des points où la courbe et l'équinoxiale coupent la ligne horaire.
$10^h \, 0^m$	$30° = p$	$p' = 31°23'5''$ $p = 30$ $\pi = 61.23.5,14$	$l.\cot N = 10,156858S$ $l.\cos \pi = 9,080268'_4$ $l.\cot \varphi = 9,83.12.2$	$\varphi = 55°30'2''$ $\delta = 23.28.0$ $\varphi - \delta = 32.\ 2.2$	$l.r = 0,1139434$ $l.\sin \delta = 9,6001181$ $9,7140615$ $l.\cot \varphi = 9,8371272$ $l.\cos(\varphi - \delta) = 9,9282515$ $19,7653787$ $l.10\,E = 0,9486828$ $E = 0^m,888552$	$E = 0^m,888552$

La valeur qu'on vient de trouver pour E fait voir que la courbe du 22 décembre doit couper la ligne de 10 heures à 0ᵐ,888552 du point où l'équinoxiale coupe cette ligne horaire.

La détermination d'un point de la méridienne du temps moyen exige une série de calculs tout à fait semblables à ceux qui viennent d'être détaillés, et il faut répéter ces calculs pour chaque point. On s'abstient de reproduire, seulement avec d'autres chiffres, des formules et des tableaux déjà présentés.

Les méridiennes du temps moyen ne peuvent jamais être d'une grande précision (*). Au reste, les cadrans solaires n'ont pas la destination de donner l'heure à la seconde. Les courbes embarrassent le milieu du cadran et donnent plus de peine qu'elles ne valent. Il est bien plus simple d'observer le midi vrai et de prendre le midi moyen dans un almanach.

(*) La méridienne vraie étant la ligne principale de tout cadran, voici un moyen de la tracer ou de la vérifier sur les cadrans verticaux qui sont les plus communs :

On place au sommet d'un triangle formé par trois verges de fer une plaque circulaire percée à son centre. La position de la base du triangle sur le mur et l'élévation de la plaque au-dessus du même mur, doivent être ménagées de manière que l'image du soleil reçue par le trou à l'heure de midi, vienne à peu près se peindre sur la ligne qui divise en deux parties symétriques l'espace destiné au cadran. Cette disposition faite, un garde-temps à la main, on reçoit l'image du soleil deux secondes avant le midi vrai, à l'instant même du midi et deux secondes après, et à chaque observation, on dessine le contour elliptique de cette image. Le centre de l'ellipse moyenne donne déjà un point de la méridienne. Mais, pour la vérifier, on trace une autre courbe tangente aux points les plus élevés de ces ellipses, et une autre courbe tangente à leurs points les plus bas. On mène à égale distance une troisième courbe, et, en divisant l'arc de cette courbe compris entre le centre des ellipses extrêmes en deux parties égales, on a un point de la méridienne, et, par suite, cette ligne même, en menant par ce point une verticale indéfinie. La méridienne construite, on a vu qu'il est facile de déterminer la position du style quand on connaît la latitude.

Lorsqu'on n'a pas de garde-temps, on y supplée par une montre ordinaire, mise la veille sur le temps vrai d'un cadran bien exécuté, et qui, après vingt-quatre heures, se trouvera encore suffisamment exacte.

FIN.

Fig. 1.

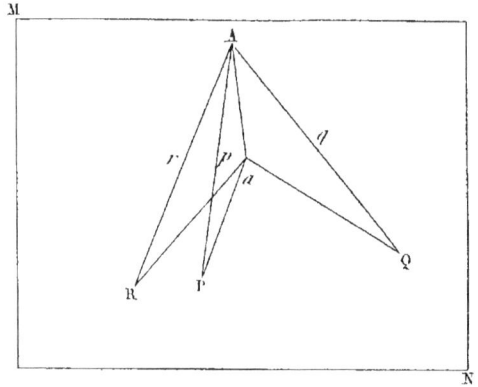

Nord

Fig. 3.

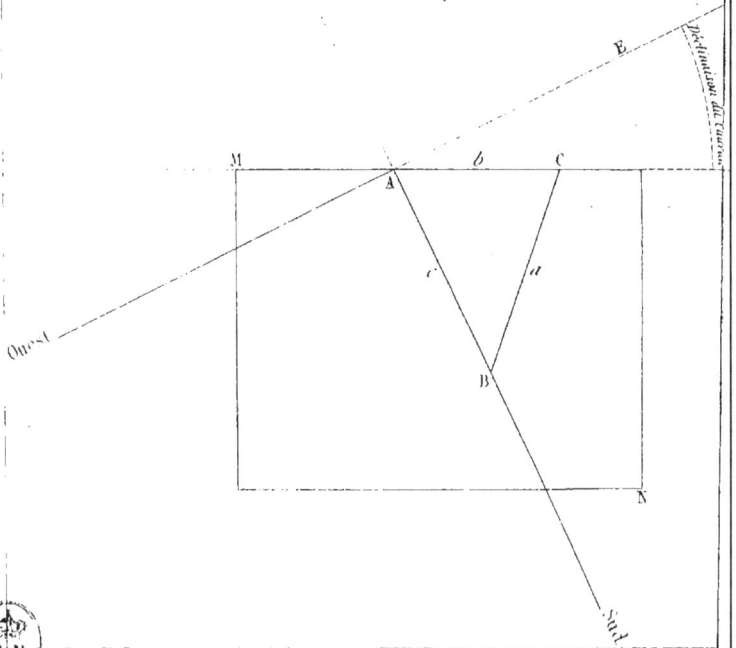

Ouest

Sud

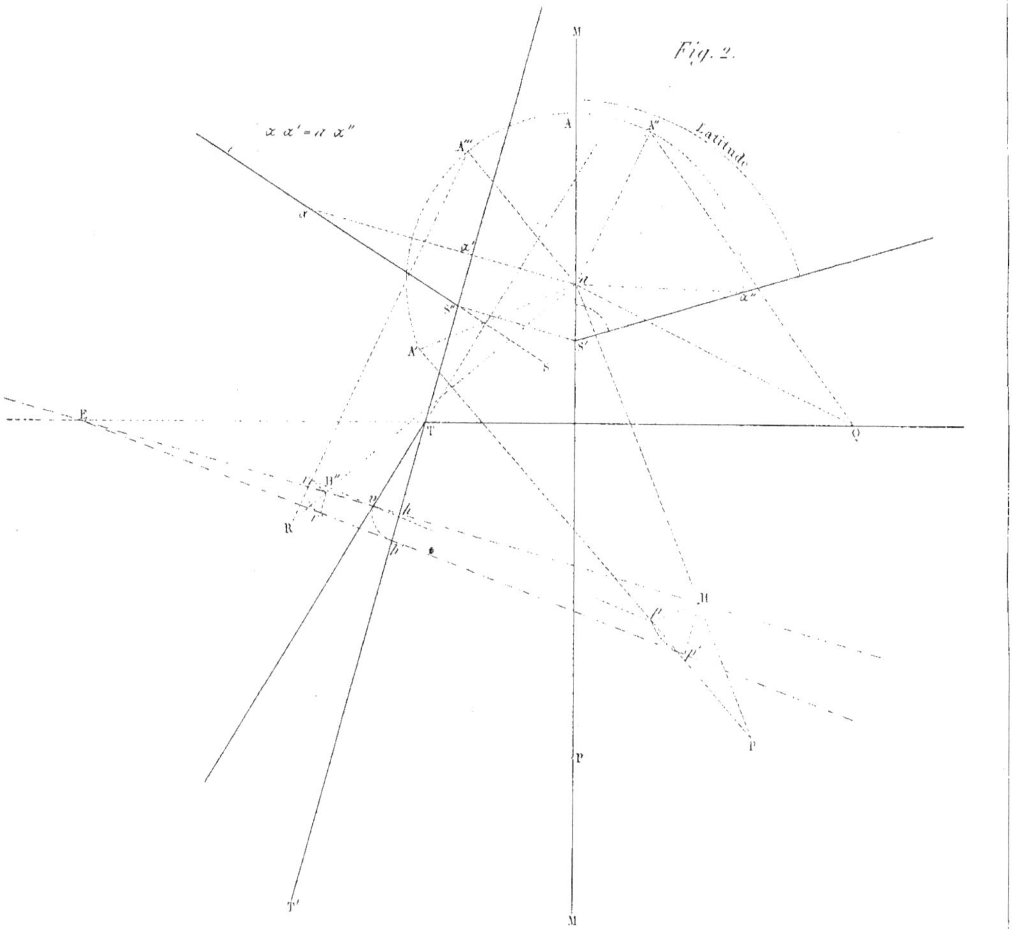

Fig. 2.

$x\ a'\ a\ x''$

Latitude

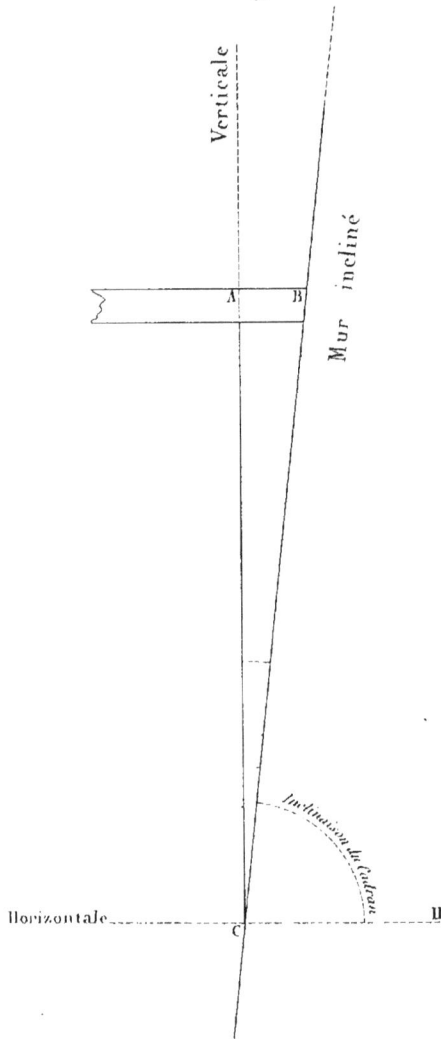

Fig. 4.

Verticale

Mur incliné

Inclinaison du Cadran

Horizontale

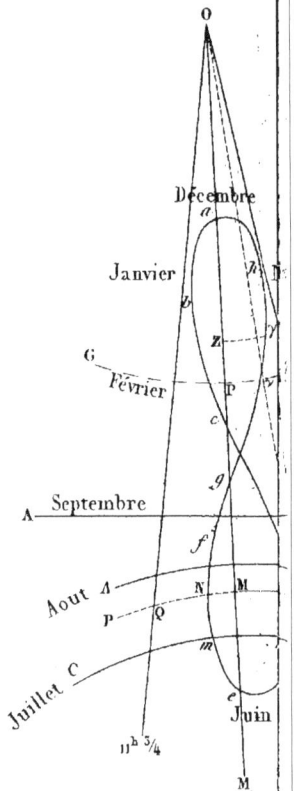

Fig. 5.

Décembre

Janvier

Février

Septembre

Aout

Juillet

Juin

$11^h 3/4$

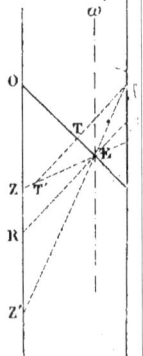

Fig. 8.

Fig. 6.

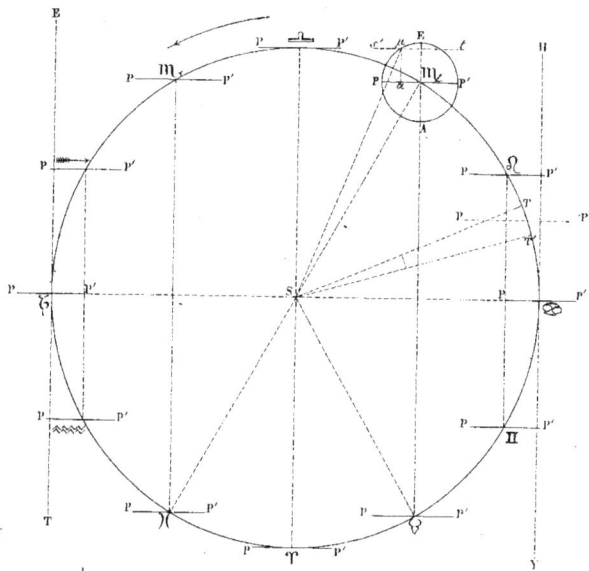

Fig. 7.

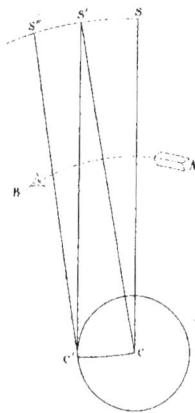

Fig. 8'.

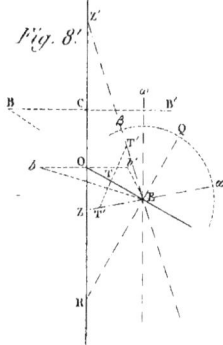

Fig. 8".

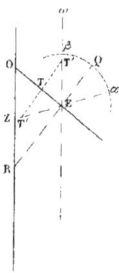

Fig. 9.

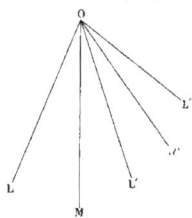

Gravé par E. Wormser

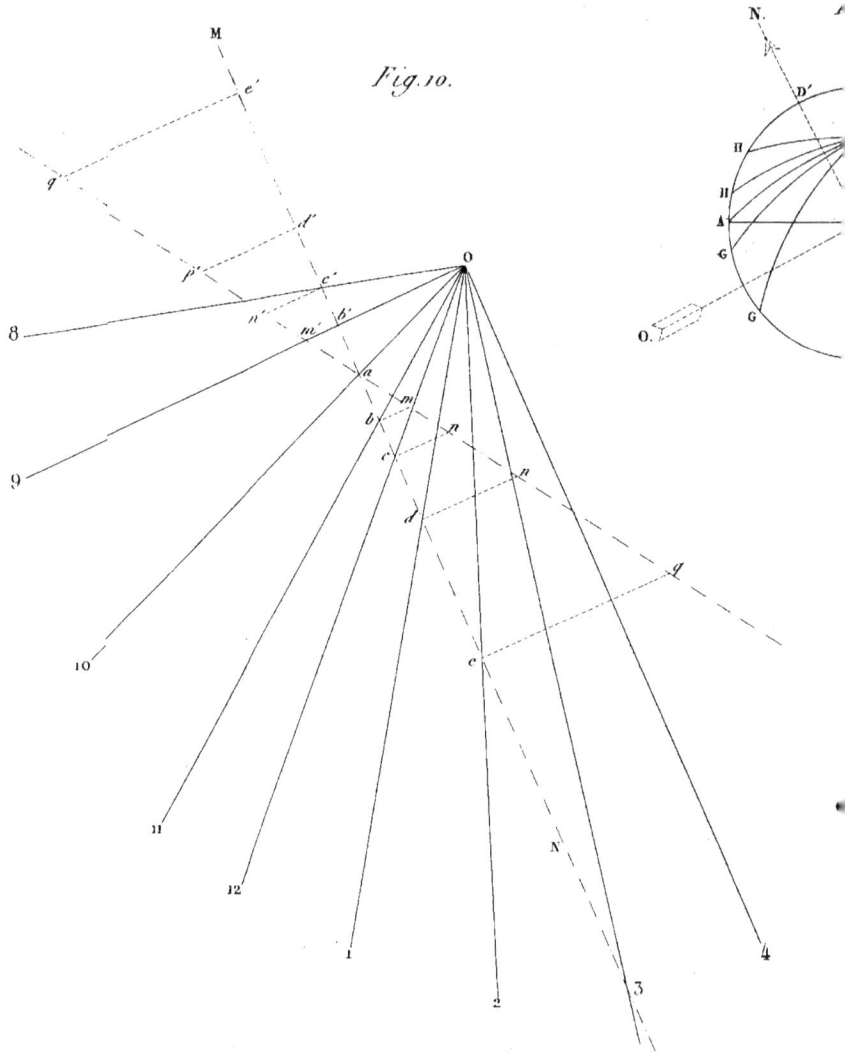

Fig. 10.

Fig. 12.

Fig. 13.

Fig. 14.

Fig. 15.

Fig. 16.

Fig. 17.

Fig. 18.

Gravé par E. Wormser.

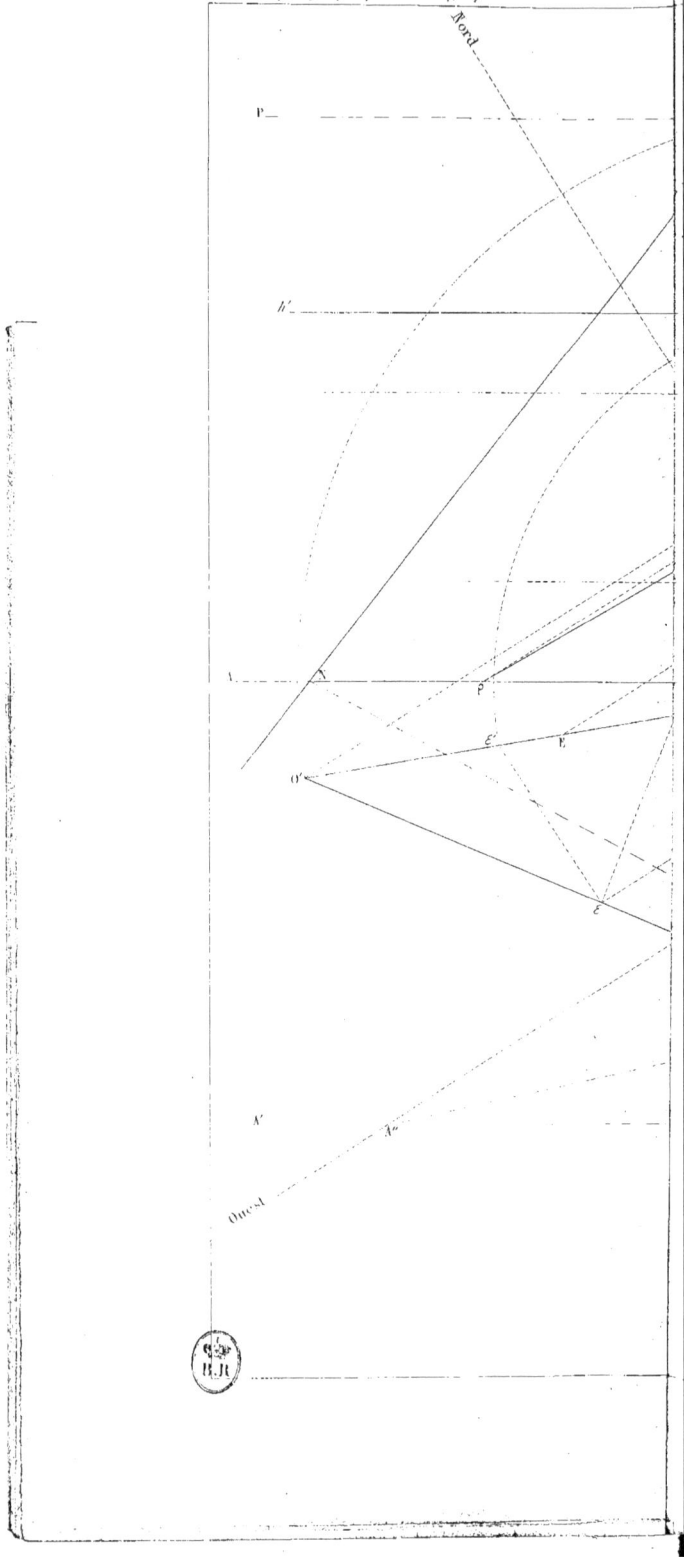

Nord

P

h'

A'

P'

ε'

E

O'

X

ε

N'

N"

Ouest

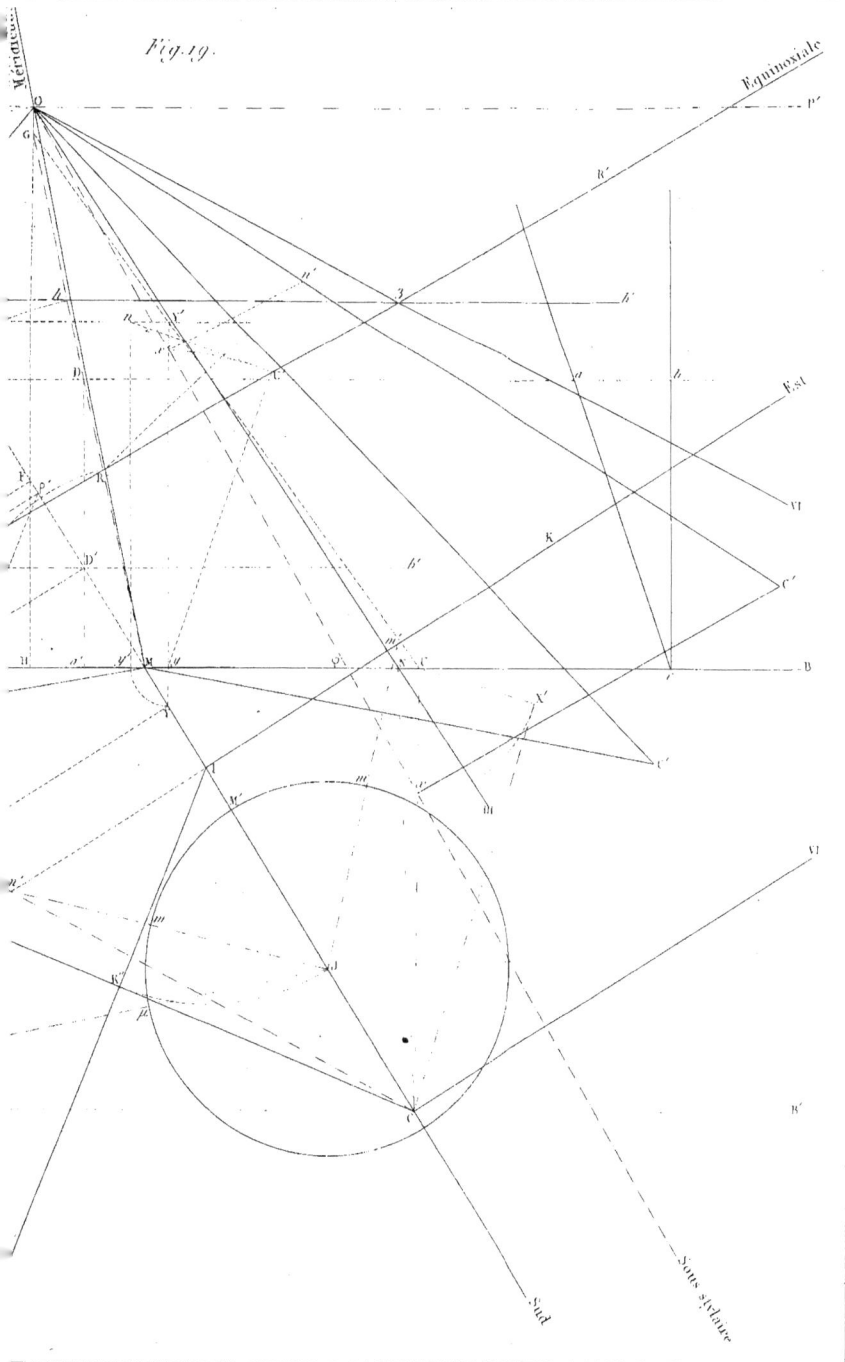

Fig. 19.

Equinoxiale

Est

Sud

Sous stilaire

Gravé par E. Baussier

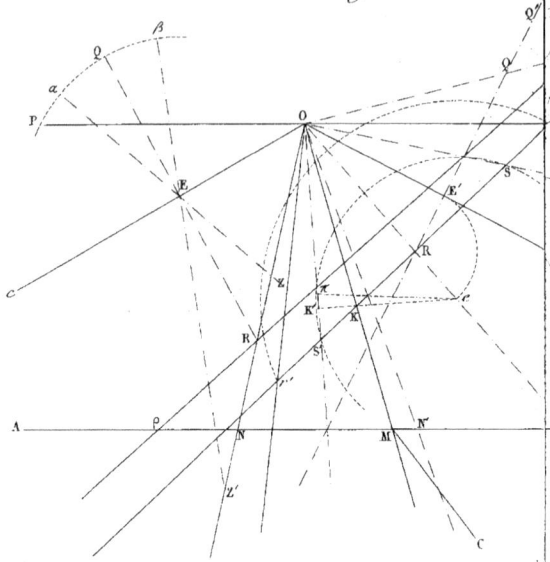

Fig. 20.

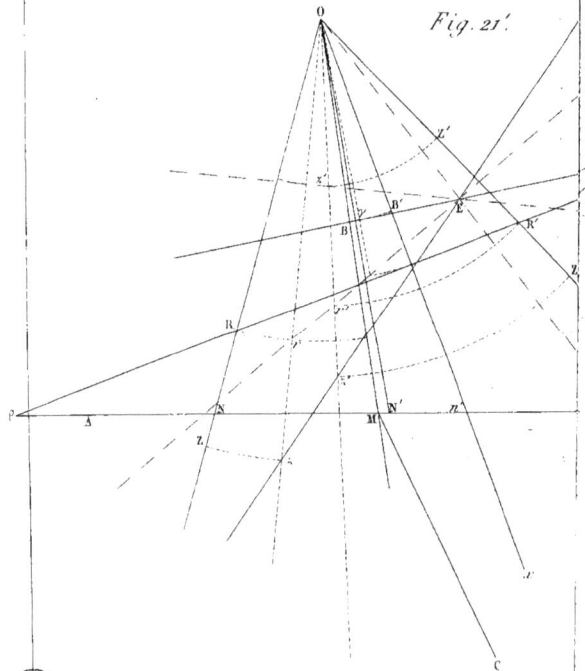

Fig. 21.

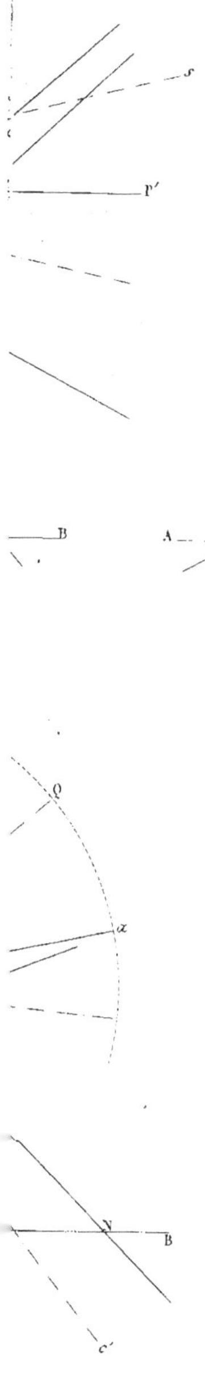

Fig. 22.

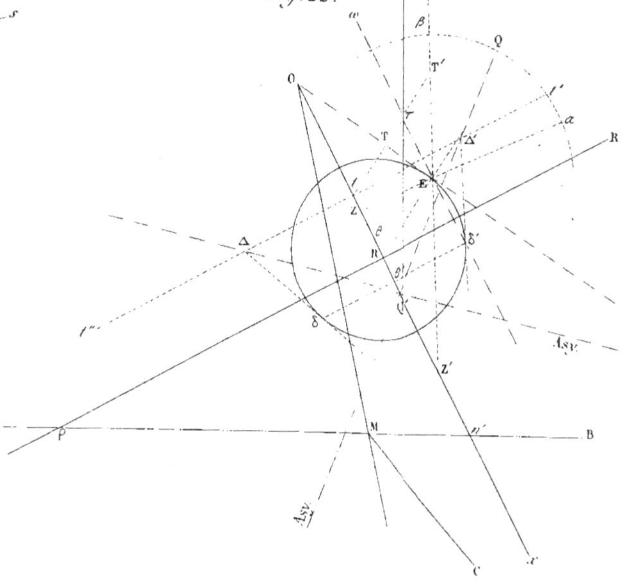

Fig. 21.

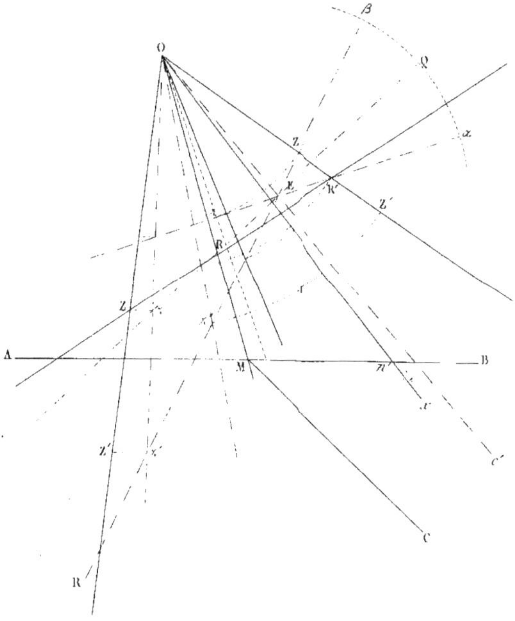

Gravé par E. Wormser.

Cadran équatorial. *Fig. 23.*

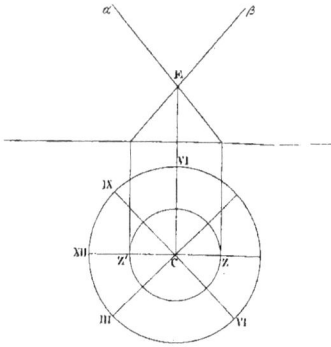

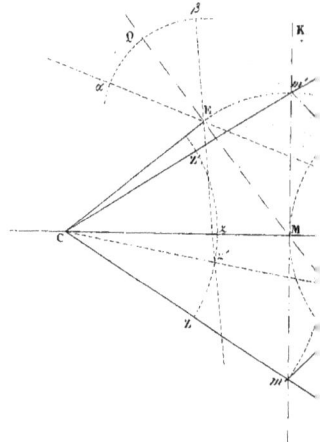

Cadran parallèle au Méridien.

Fig. 26.

Cadran

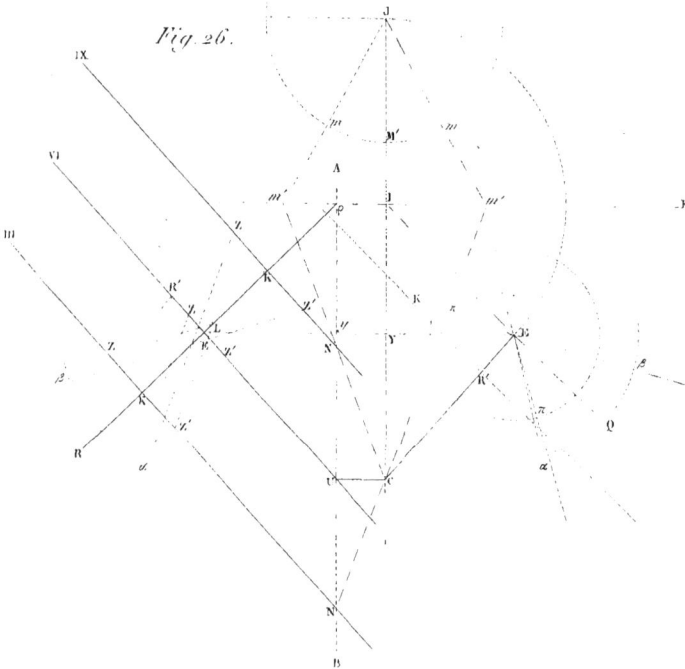

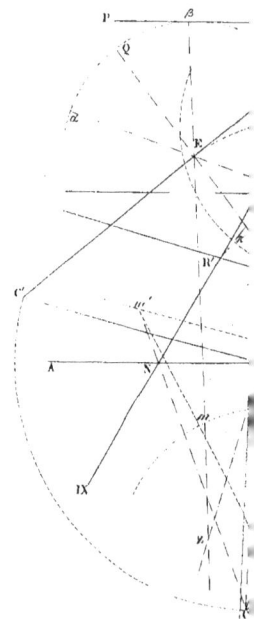

Fig. 24.

dran horizontal.

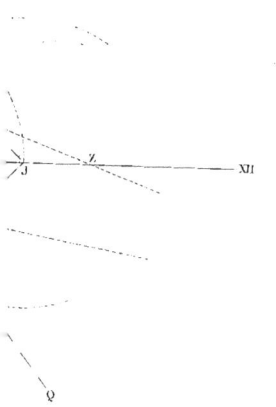

Fig. 25.

Cadran vertical non déclinant.

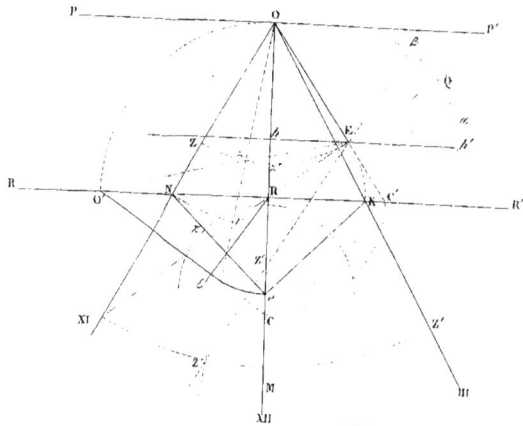

nant. Fig. 27.

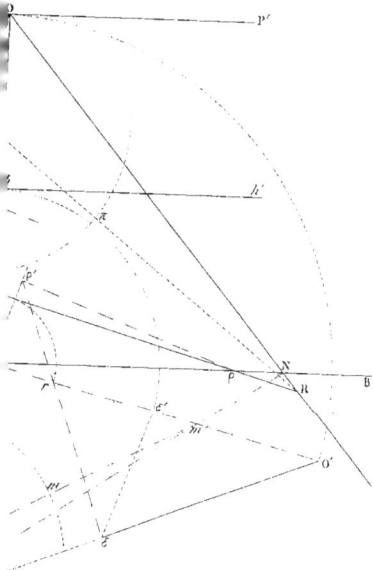

Fig. 28.

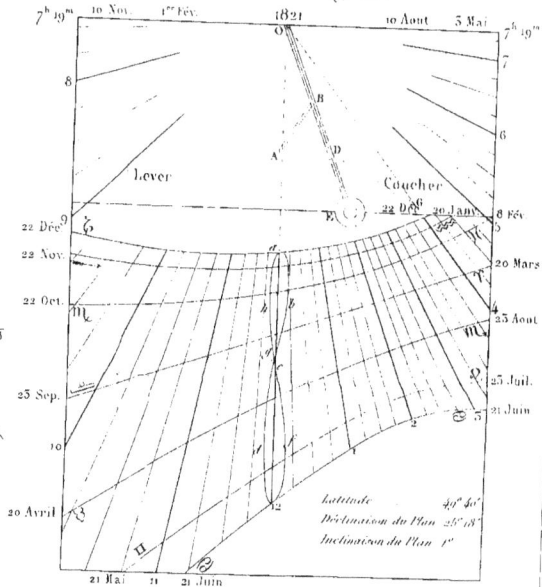

Latitude 49° 51'
Déclinaison du Plan 25° 18'
Inclinaison du Plan 1°

Gravé par E. Wormser.

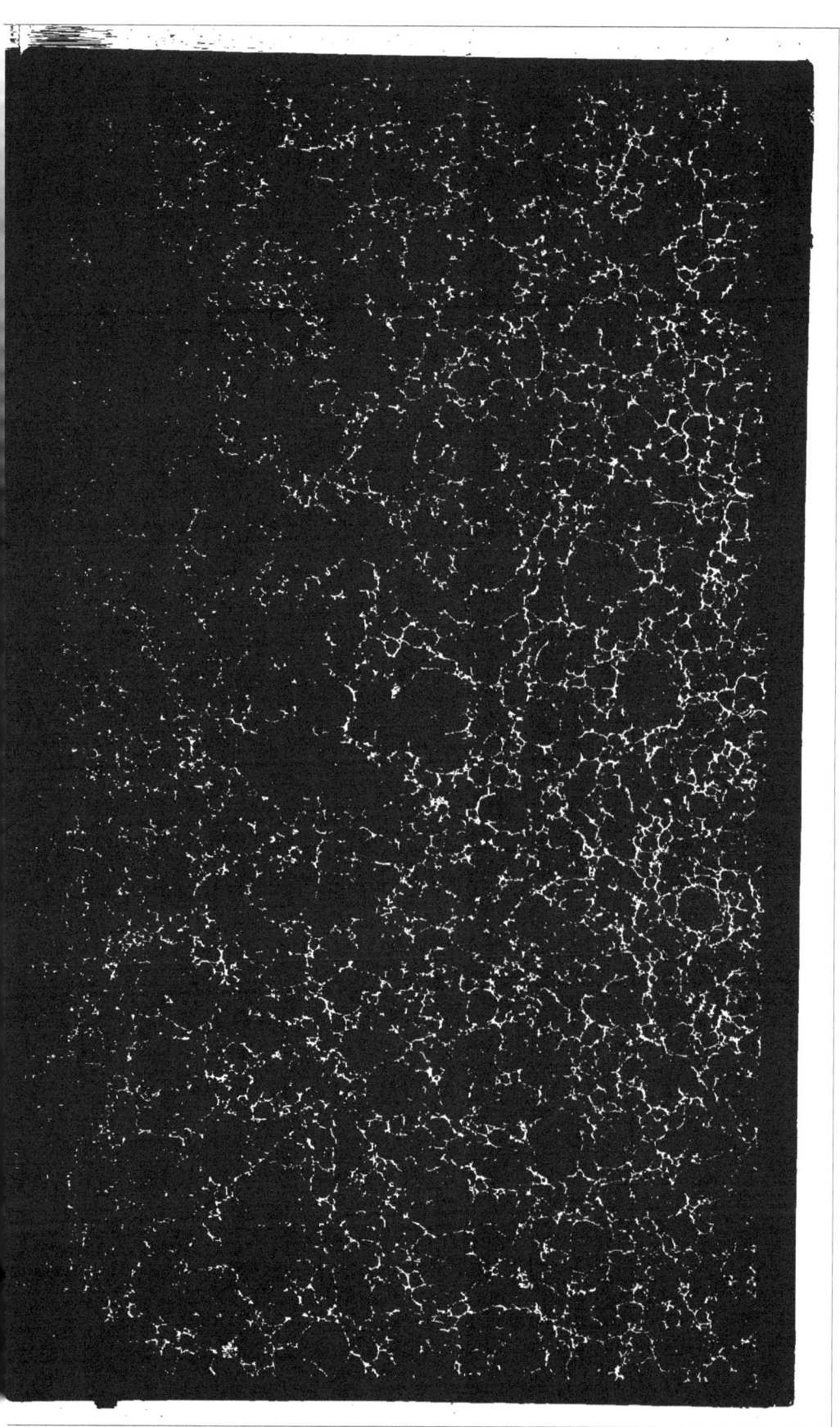